U0395895

写给中小学生的

法布尔昆虫记

第❸卷
危险的进食

（法）法布尔（Fabre，J.H.） 著

余继山 编译

上海科学普及出版社

图书在版编目（CIP）数据

写给中小学生的法布尔昆虫记 . 第三卷，危险的进食 /（法）法布尔
（Fabre，J.H.）著；余继山编译 . —上海：上海科学普及出版社，2017.5

ISBN 978-7-5427-6838-4

Ⅰ . ①写… Ⅱ . ①余… Ⅲ . ①昆虫学—少儿读物 Ⅳ . ① Q96-49

中国版本图书馆 CIP 数据核字 (2016) 第 257800 号

责任编辑　刘湘雯

写给中小学生的法布尔昆虫记

第三卷　危险的进食

（法）法布尔（Fabre，J.H.）著

余继山 编译

上海科学普及出版社出版发行

（上海中山北路 832 号 邮编 200070）

http://www.pspsh.com

各地新华书店经销　三河市同力彩印有限公司

开本 787×1092 1/16　印张 10.5　字数 210 000

2017 年 5 月第 1 版　 2017 年 5 月第 1 次印刷

ISBN 978-7-5427-6838-4　　定价：28.00 元

前　言

　　《昆虫记》是法国著名昆虫学家、科普作家法布尔的代表作。法布尔从小就对自然界和昆虫世界表现出了浓厚的兴趣，立志做一个为昆虫写历史的人。他经过20多年的观察研究和资料搜集，将昆虫的专业知识与人文情怀结合在一起，最终写成了昆虫的史诗《昆虫记》。

　　《昆虫记》全书共分为10卷，概括性地阐述了各类昆虫的种类、特征、生活习性及生殖繁衍情况，书中，作者将自己的人生经历与纷繁复杂的昆虫世界联系在一起，用清新自然、诙谐幽默的语调，向读者讲述了一个又一个关于昆虫的故事，内容不仅包含丰富的知识性，并且极具趣味，是一部不可多得的长篇科普文学巨著。

　　法布尔在描述昆虫时，常常用人性的眼光去看待它们，评判它们，内容充满着哲学意味的思考，字里行间透露出对生命的尊重与热爱。作者在讲述昆虫筑巢、觅食、工作、交配、生殖繁衍等生命活动时，常常浸透着人性的思考。通过阅读这套书，小读者不仅可以读到一个妙趣横生的昆虫世界，而且能通过对这些现象的了解，探究到昆虫背后的秘密，解开一个又一个有关昆虫的谜团。

　　本套丛书是专门为中小学生打造的，在充分尊重原著的基础上，用流畅、通俗易懂的语言向小读者们讲述了各种昆虫趣事，使小读者们能够无障碍地进行阅读。书中还配有大量精美的昆虫插图及活泼俏皮的文字解说，辅助小读者更好地理解其中的内容。现在，让我们一起走进法布尔笔下的神奇昆虫世界，去体会和了解这个不一样的，充满奥秘的世界吧。

目 录
contents

第四章
工作狂——石蜂

第五章
残酷的侵略者——卵蜂虻

第六章
不停勘探的褶翅小蜂

第七章
小剑客——铜赤色短尾小蜂

第八章
奇异的蜂类——步甲蜂

第九章　芫菁

第十章
泥蜂

第十一章
聪明的房屋设计师——壁蜂

第一章

统治者

——土蜂

昆虫档案

昆虫名：土蜂

绰　　号：蜚零、马蜂

身世背景：法国很多地方都有土蜂，它的药用价值非常高，有解毒止痛的功效

生活习性：土蜂喜欢在土中筑巢，具有单栖性；对居住场所没有特殊要求，随遇而安

喜　　好：喜欢吃新鲜的食物

绝　　技：有着高超的麻醉技术，能让猎物深度昏迷却不至死；在挖掘泥土方面有天然的优势

武　　器：可怕的螯针

23 年的谜团

　　我从很久前就对土蜂非常感兴趣，在膜翅目昆虫中，它可是统治者之一。我的家乡有一种很特别的土蜂，从体形上看，它属于土蜂中的巨人，身长有 4 厘米，如果再张开翅膀，就更不得了，会有 10 厘米长。这样的超级土蜂在世界上都是少见的。还有一种土蜂叫痔土蜂，这种土蜂在体形上没什么特别，但小腹尾端有一排竖立着的棕色毛刷，显得尤为特别，让人过目不忘。

　　对于土蜂，许多人的第一印象就是害怕。这不仅仅是因为它体形庞大，而且还在于它总是"全副武装"，尤其是它的螫针，总让人感到不

土蜂体形庞大，全副武装，尤其是那根长而尖的螫针，看上去令人不寒而栗。

寒而栗。所以，每一个看见土蜂的人，都不免想着如何在抓它的时候不被它蜇伤。确实，土蜂的样子的确有些吓人，我曾经被和土蜂类似的黄边胡蜂蜇过，那个疼劲让人难忘。以至于在很长时间里，看到比胡蜂大许多的土蜂时，我都免不了有些后怕，哪怕是那些让我非常有收藏欲望的奇特土蜂。

不过，在与土蜂打过多年交道后，我已经不再那么惧怕它了。无论多么厉害的土蜂，在我面前都是小菜一碟了。因为土蜂的习性已经被我摸透了。我知道它们身上那令人害怕的针，其实不是用来对付人的，而是它们劳动的工具。只有在捕捉猎物的时候，它们才会用针来进行麻痹。而且，虽然土蜂的样子看起来很可怕，其实反应是很迟钝的，在面对土蜂的进攻时，人们可以轻而易举地避开。即使真的被土蜂蜇到了，也不是什么大不了的事。因为它所造成的疼痛远不如胡蜂，几乎是可以忽略不计的。

我对土蜂的研究和观察是从伊萨尔森林开始的。那是 1857 年八月的一天，我如同一个农民一样，背着一个在当地叫做"卢切"的锄头，带着一个装满瓶子、小铲子、玻璃管、镊子、放大镜等工具的布袋子，开始了我的研究生涯。为了防止被夏日的太阳晒伤，我还特地带了一把大号的伞。

当我来到森林里的一块沙地前时，我停下了脚步。沙地周围橡树丛生，茂密的灌木丛中和厚厚的落叶下面隐藏的是松软的泥土。我没待多久，就看见几只土蜂飞了过来。不一会儿，越来越多的土蜂聚集在这里。我数了一下，发现有 12 只。这些土蜂的体形很小，飞舞的动作幅度也不大，很容易就能看出它们的性别——全都是雄性土蜂。它们全都在泥土上盘旋，像是在寻找着什么。土蜂的这种特性让我觉得很奇怪。在我看来，在这烈日炎炎的林地里，旁边刺芹上饱满的果实应该是土蜂最喜欢的佳肴，却没有一只土蜂停在上面。这些土蜂是要在地上寻找什么呢？

经过仔细观察我才发现，原来这些雄峰是在等待雌蜂的出现。雌蜂的虫茧就在这松软的沙土中，马上就要绽开了。只要雌蜂的虫茧一绽开，雌蜂就会从里面飞出来。而此时，早就等得迫不及待的雄峰就会蜂拥而上，开始围着雌蜂献殷勤，弄得刚刚出世的雌蜂连擦擦眼睛、抖抖灰尘的空闲都没有，就成了这群"花痴"抢夺的对象。这是膜翅目昆虫常见的求偶大戏，我已经是见怪不怪了。一般来说，雄峰往往先被孵化出来，但它们不会走远，而是待在虫茧附近，等着雌蜂的出现。一旦看见雌蜂，雄峰便立即开始表心意、抢老婆。这就是刚才我看见的那些土蜂在这里不停飞来飞去的原因。

我待在一块沙地下观察，没多久就看到几只土蜂飞了过来，不一会儿，越来越多的土蜂聚集在了这里。

土蜂有强壮的大颚、坚硬的头颅和带刺的腿爪，在挖掘泥土方面有着得天独厚的优势。

　　没多久，一只雌性土蜂就从泥土中钻了出来，它刚刚扇动了几下翅膀，马上就有几只等得心焦的雄蜂飞了过来。为了弄清地下到底有什么，我拿起卢切，开始从雌蜂飞出的地方进行挖掘。我挖了许久，才从地下挖出一个破了的虫茧。我拾起它，发现茧的两边还粘着一层薄薄的表皮，看起来依然非常完整。无疑，这就是刚刚飞出的雌土蜂留下的。至于上面残留的表皮，则引起了我的浓厚兴趣。我仔细观察了表皮的轮廓，猜测这可能是一种叫金龟子的昆虫的幼虫。

　　我把这块虫皮拿在手里仔细地观察着，最终认定它属于金龟子科鳃角类昆虫。一般来说，这类昆虫的幼虫都是土蜂这样的膜翅目昆虫的食物。为了搞清楚这到底是什么昆虫，我在森林里待了很长的时间，也挖掘过许多土蜂的出身地，但一直都没有什么收获。随着夏季的过去，雄土蜂不再寻偶，这使得我更加难以寻找到土蜂的出生地。于是，我只好采取一个笨法子，就是在以前找到土蜂出生地的地方进行观察。经过长时间的守候，我终于找到了我要的答案。

在挖掘泥土方面，土蜂有着先天的优势，因为它们有着强有力的上颚、坚硬的头颅和带刺的强壮腿爪，挖起泥土来很方便。所以它在挖掘自己的洞穴时非常随意，而不是像其他杂食性膜翅目昆虫那样计算周全。土蜂的地下居所是一个圆柱体，弯弯曲曲的，最深处能够深入地下 50 厘米，而且土蜂们挖的隧道都相互交错，找不到一条完全笔直的隧道。由此可见，土蜂是勤劳的隧道挖掘工。以前我抓到土蜂时，常常对它满脚的泥土感到不解，原来它是在不停地挖隧道呀。

土蜂挖隧道的目的很简单，就是为了寻找金龟子的幼虫当食物。在和雄蜂交配之后，雌蜂就不再干这事了，而是专注于哺育下一代。到了八月底，交配完的雌蜂都躲在隧道里，忙着产卵和储藏食物。

在经过一番长时间的挖掘之后，我找到了好几只虫茧，上面都残留着金龟子的表皮。但不管我怎样挖，都找不到土蜂新鲜的食物、虫卵或者小幼虫。按理说，八月是土蜂产卵期，找这些东西不是很难，但我没有发现。一直到雄蜂都飞走了，我都没有找到，最后不得不放弃了寻找。

我把挖出来的幼虫、蛹和鞘翅目成虫进行了仔细辨别，发现有两类金龟子——细毛鳃角金龟和朱尔丽金龟。但复背土蜂身上的金龟子皮却不属于这两类。显然，这两类金龟子都不是复背土蜂的食物。那么，这张表皮属于哪一类金龟子呢？我在森林里找寻了好半天，却一直找不到答案。

这一直成了我心中的谜团。23 年过去了，我一直都没有解开，每当看到土蜂时，就想起伊萨尔森林里那谜一样的金龟子表皮。后来，我搬到一个叫塞里昂的村子里居住，一个偶然的机会，却解开了这个谜团。

当时我在院子里进行清扫工作，看见角落里有一堆泥土和树叶，于是就准备把它们清除掉。当我用铲子铲开泥土和树叶时，突然发现泥土里有很多雌复背土蜂。此时正是产卵季节，那些雌土蜂正忙着孵化新的生命。我停下来，仔细地观察着，看见在土里面还有很多金龟子，幼虫、蛹、成虫都有，种类繁多，有葡萄根蛀犀金龟，有蝇子草属金龟子，还有显刻禾

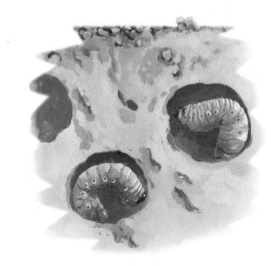

在树叶覆盖的泥土深处，几只土蜂宝宝安静地蜷缩在卵状的蛹室里，香甜地睡着。

犀金龟。当然，最多的还是金匠花金龟，它们大多藏在土或者粪便做成的外壳里，蜷缩成一团待在自己的蛹室里。看到这些情景，那困扰我23年的谜团彻底解开了。原来，复背土蜂给自己的孩子喂的食物就是金匠花金龟的幼虫。

在家里发现复背土蜂的窝之后，我有了一个近距离观察它们的机会。经过一年的守候，我终于揭开了心里所有有关土蜂的谜团。原来，土蜂的交配通常都会有一番争斗。每年八月，雄蜂就会在雌蜂要出现的地方飞舞，一旦发现雌蜂，就展开争夺，获胜的雄蜂就会和雌蜂交配。交配季节一过，雌蜂就开始在地下养育后代。土蜂没有修建巢穴的技艺，雌蜂也不会特意为后代修筑居所，因此新生的土蜂幼虫常常随遇而安。不过，狩猎蜂需要准备一个储存食物的场所，因为许多食物都是从很远的地方搬运过来的。如果雌蜂在挖隧道时偶然遇到一只金匠花金龟的幼虫，那可就解决大问题了。它会立刻用针把金匠花金龟的幼虫刺得无法动弹，然后就在幼虫的腹部产卵，等到卵孵化后，再把头伸进金龟子幼虫的肚子里，把它当做食物吃掉。等到金龟子的幼虫被吃完以后，复背土蜂的幼虫也就长大了。看来，

雌性复背土蜂的养育工作还真是省心，它不需要关心自己的后代，也不必去为自己的后代寻找食物，甚至连后代所居住的地方都不必操心。它只需要找到金龟子的幼虫，然后在它腹部产卵，至于以后的事，就完全由后代自己做主了。

危险的进食

土蜂的卵外形呈圆柱形，大约长 4 毫米，宽 1 毫米，颜色是白色的，前段固定在金匠花金龟幼虫的中线部位。土蜂选在这个位置产卵，就是看中了其离幼虫的腿比较远，属于安全地带。

在还没有完全褪去皮壳的时候，小土蜂就开始进食了。小土蜂在进食时，会把它的头放在卵贴过的那个点上，然后开始咬金龟子的肚皮。虽然小土蜂的力量还不是很强大，但生存的竞争使得它使出吃奶的劲儿咬穿金龟子的腹部。

要论个头，小土蜂远比金匠花金龟的幼虫小得多。但金匠花金龟已经被雌土蜂刺得麻醉了，根本无力反抗。于是，小土蜂可以毫无顾忌地享受金匠花金龟肚子里的美味佳肴。

日子慢慢过去了，小土蜂也在一天天长大。小土蜂的头也在金匠花金龟肚子里越钻越深，身体前段开始变得越来越细长，如同一根细线，这使得它能更好地钻进金匠花金龟的肚子里。但小土蜂留在金匠花金龟肚子外面的一部分却没有变细长，而是发育得和普通挖掘类膜翅目昆虫的幼虫一样大。这使得小土蜂的身体前后端完全不一样。

小土蜂要待在金匠花金龟肚子里很长时间，直到完全把它吃光为止。为了保持食物的新鲜，小土蜂在吃金匠花金龟肚子里的器官时，先从不重要的器官开始。这就使得金匠花金龟还能存活一段时间。直到小土蜂吃完金匠花金龟肚子里最重要的器官后，金匠花金龟才会死掉。

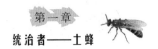
小土蜂刚开始咬开金匠花金龟肚皮的时候，血会从破开的表皮里流出来，这对于小土蜂来说，是很容易消化的营养，而且还能使金匠花金龟不会死去。不久以后，小土蜂就开始吃金匠花金龟外面的肉，再就是吃体内的内脏。金匠花金龟就是这样受着痛苦的折磨，最后变成一张空空如也的皮囊，成为小土蜂幸福成长的安乐窝。

金匠花金龟在开始的时候也是胖嘟嘟的，随着小土蜂一步步地吞噬着它的肌体，金匠花金龟慢慢地消瘦了，最后成为一张皮囊。令人惊奇的是，金匠花金龟的生命力非常顽强，只要小土蜂不吃掉它重要的脏器，它依然顽强地活着。

其实，金匠花金龟是一个受到攻击就很容易死亡的动物。但在小土蜂如此长时间的折磨下，它依然能活到最后，可见小土蜂是非常聪明的，知道如何在保持食物新鲜的状况下满足自己的口腹之欲。

为了弄清楚小土蜂的进食规律，我开始做起了实验。首先我要确定的是雌土蜂如何选择产卵的地方。我把已经发育了的小土蜂从金匠花金龟的肚子里取出来，然后把它放在金匠花金龟的背上，让它重新选择攻击点。出乎我的意料，小土蜂花了很长时间都没有找到适合下嘴的地方。即使后

聪明的土蜂宝宝知道怎么保持食物的新鲜，它们可不愿吃腐烂变质的食物。

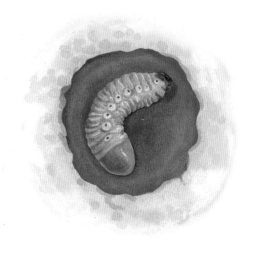

来我把小土蜂放在金匠花金龟肚子上，小土蜂依然在盲目地蠕动着，就是不进食。看来，雌蜂选择产卵的地方一定有什么诀窍。

为了进一步弄清小土蜂进食的情况，我用小刷子把小土蜂的头引到金匠花金龟肚子破裂的地方。小土蜂经过一番仔细试探，终于钻进了金匠花金龟的肚子里。但后面发生的情况又让我吃惊：经过这样的折腾，金匠花金龟很快变色腐烂，而小土蜂也随之死去。很显然，它是被腐烂的食物毒死的。

食物突然腐烂后，小土蜂也死了。这其中的原因只能这样解释：当小土蜂被我从金匠花金龟的肚子里拉出来时，一定是受到了非常严重的惊扰，以至于最后回到金匠花金龟肚子里时，它已经无法回到以前进食的秩序上了，只好在金匠花金龟肚子里胡乱啃咬。这样，金匠花金龟重要的脏器就被小土蜂吃掉了，导致金匠花金龟快速死亡，身体腐烂。而小土蜂吃了这腐烂的食物，无法维持生长发育，只好跟着金匠花金龟同归于尽了。

为了进一步弄清到底是怎么回事，我又抓了一条金匠花金龟的幼虫，把它固定在木板上，还用刀在它的肚皮上划开了一条口子。然后，我把小土蜂放在金匠花金龟流血的肚皮上。我看到小土蜂很快就钻进了金匠花金

我把金匠花金龟的幼虫绑在一块木板上，划开了一条口子，想看看小土蜂要如何吃掉它。

龟的肚皮里，十分顺利地开始进食。但两天后，随着金匠花金龟的死去，小土蜂也跟着死掉了。它依然是被腐烂的食物毒死的。

这个结果很容易解释。因为我把金匠花金龟固定在木板上，使它无法动弹。但是在小土蜂的咬噬下，它的神经器官依然能感觉到疼痛，会引起本能的痉挛反应。这种反应就会刺激其肌肉运动。虽然在外面看不出来，但其身体内部的运动，还是会使其体内的小土蜂受到干扰，失去以前进食的规律，胡乱咬噬着金匠花金龟的脏器，使它提前死亡，然后自己也跟着魂归西天。而如果是雌蜂用毒针使金匠花金龟麻痹，情况肯定就不一样了。无论体内的小土蜂怎样咬，受到麻痹的金匠花金龟都不会感觉疼痛，自然就没有疼痛反应。金龟身体不动，小土蜂才能从容、规律地进食，一直到小土蜂完全发育成熟，金匠花金龟才会死去。

为了验证我的结论，我又做了次实验。这次我选了葡萄根蛀犀金龟的幼虫，然后把氨气注射进金龟子的中枢神经，让它麻痹，接着再重复上面的步骤。开始时一切都很顺利，但两天后，金龟子的尸体开始腐烂，小土蜂也死掉了。

失败的原因是什么呢？是因为我注射了氨气？还是因为小土蜂对葡萄根蛀犀金龟的身体构造不太了解，在开始进食时吃掉了不该吃的器官，导致葡萄根蛀犀金龟提前死亡？

我又开始了实验。这一次我没有对葡萄根蛀犀金龟进行氨气注射来麻醉，而是把它固定在木板上。但最后的结果还是让我失望，小土蜂没有活到它成熟的时候。

接下来我又用距螽做了实验，但除了存活时间稍长一点外，结果都是一样的。

面对这样的结果，我思索了很久，终于找到了答案：原来小土蜂进食的方式是根据对象的不同而不同。如果进食的对象改变了，小土蜂就不知道进食的顺序而随意啃咬，导致猎物死亡，自己也跟着死掉了。而只要让食物保持新鲜，小土蜂就会顺利成活，不管食物类型是哪一种。想通了这些，

我不禁对小土蜂肃然起敬。这些不起眼的小玩意，有着微妙而危险的进食技巧。这种技巧是我们人类无法掌握的，按照达尔文的理论，这就是进化的结果。

为了验证这个理论，我又做了个实验。我随便弄了个膜翅目昆虫，然后用它没吃过的金匠花金龟开始喂养它。结果它没有遵循进食的规律，导致金匠花金龟死掉腐烂，最后自己也死了。因此，对于膜翅目昆虫来说，要想顺利地成长，就必须了解在进食猎物内脏时的禁忌和许可，虽然这是一个很难的问题，但为了生存，还是必须了解。因为如果违背了规律，只图一时的口腹之欲，那么离死亡就不远了。

如果没有严格的进食规则，在严酷的自然选择面前，膜翅目昆虫不可能繁衍至今。可以说，除了讲求本能，达尔文理论还强调了后天的习惯。

土蜂幼虫的进食时间一般在 12 天左右，而且它们的进食时间掌握得很好，直到吃完最后一口，金匠花金龟幼虫才会完全变成一块枯皮死去。而小土蜂在吃完金匠花金龟幼虫时就把它丢在一边，然后开始织虫茧。

小土蜂织虫茧的速度很快，只需要一天一夜就完工了。茧的颜色在织的过程中是变化的，刚开始是火红色，然后就变成了淡淡的栗褐色。茧的形状是椭圆体，雌蜂的茧在长度上比雄蜂的茧要长一点。茧的头和尾一般很难区分，但用镊子可以试出来。一般茧的头部很软，用镊子一夹很容易破，而尾部比较硬。

小土蜂的茧蛹内层很结实，也有弹性，所以不容易变形。小土蜂在这个安乐窝要一直待到八月份。当小土蜂要出壳时，它会先在茧的首端找个地方咬开一道环形的裂缝，这样掀开这个盖子，就可以出来了。

小土蜂在进食的时候对猎物进食的部位选得非常准，目的就是为了让猎物能活得长一些，以维持食物的新鲜。

第二章

金匠花金龟

昆虫档案

昆虫名：金匠花金龟

身世背景：分布广泛，以腐殖土或者树叶为食，幼虫生活在土堆不断坍塌的地道中

生活习性：幼虫喜欢蜷缩起来，用背行走，但速度很快，不比用腿行走的其他种类幼虫慢

喜　　好：喜欢在腐烂的木头或者腐殖土质中生活

绝　　技：在没有任何防备的情况下，能够抵抗蝎毒；肌肉有很强的收缩能力

 金匠花金龟的幼虫

作为土蜂猎物的金匠花金龟幼虫很不一般，它有着很强的收缩能力。而葡萄根蛀犀金龟、细毛鳃角金龟和缩绒鳃角金龟幼虫的肌肉也很有力量，这使得它们能在地下生活得很好。这些幼虫生活在地下，以腐殖土或者树根为食。

土蜂的卵或者幼虫都贴在金龟子肚子下面，这是很危险的。因为一旦金匠花金龟或者葡萄根蛀犀金龟、细毛鳃角金龟的身体卷起来，土蜂的卵或者幼虫就会被夹得粉碎。因此，土蜂必须使金匠花金龟的身体失去颤动的能力，才能保证自己的安全。

土蜂的麻醉效力是惊人的。我观察到一只土蜂刺过金匠花金龟后，金匠花金龟除了嘴巴微微张合以外，就一动不动了。我试着用锥子四处戳它，但它还是毫无反应。而且更让我惊奇的是，土蜂能在黑夜里准确地做到这一切。想想看，在黑夜里，土蜂在地下和金匠花金龟相逢，能准确地判定这就是自己要找的猎物，然后准确地找到自己需要的部位下手，而且金匠花金龟并不是消极等

金匠花金龟有着很强的收缩能力，它们喜欢在腐烂的木头或者腐殖土质中生活。

黑漆漆的土壤里，一只土蜂和一只金匠花金龟狭路
相逢了。金匠花金龟蜷缩起身子，防范着随时要向
它发起攻击的土蜂。

死，而是摆出一副防范的架势，身体蜷缩起来，背也是弓着的，就像披着
盔甲一般，而且腹部也被保护得非常好。但即使在这样的情况下，金匠花
金龟依然逃不过土蜂准确而致命的一刺。可见，土蜂的确厉害。

　　土蜂之所以能准确地找到针刺的部位，就在于金匠花金龟全身只有这
一个弱点。这是它无法防范的地方。而土蜂认准了这一点，一针刺过去，
就达到了目的。

　　金匠花金龟挨了土蜂这一刺后，神经系统立刻被麻醉了，身体的肌
肉在短时间内就停止了运动，身体立刻舒展开来。没多久，金匠花金龟就
完全失去了反抗的能力，平躺在那里，腹部毫不设防地向土蜂展开，只能
任其所为了。

　　土蜂在金匠花金龟腹部中线偏后的地方，也就是金匠花金龟腹部呈
现出褐色斑块的地方开始产卵。产完卵之后，土蜂就去找下一个猎物了。

　　从土蜂和金匠花金龟的交锋过程中可以得出这样一个结论，那就是
金匠花金龟幼虫的身体结构比较特殊，在开始搏斗时，它的身体会收缩，

但颈背被完全暴露了。而土蜂只要在这个地方用针一刺，金匠花金龟就会被完全麻醉。假如金匠花金龟的身体结构稍有变化，那么土蜂的卵就会遭受灭顶之灾。

土蜂能在黑暗的环境下如此准确地打击金匠花金龟，说明金匠花金龟神经系统上也应该有特殊的结构。为了验证这一点，我又开始做起了实验。

我解剖了金匠花金龟幼虫的脂肪，发现它的胸部和腹部神经节连接成了一个神经块，泛着一点发灰的白色，大约有 3 毫米长，0.5 毫米宽。这就是土蜂要下针的地方。这个地方有许许多多细小的神经纤维，支配着金匠花金龟幼虫的肢体和肌肉，刺这里才能使它全身麻醉。我们只有通过显微镜才能发现，这个内部结构复杂的圆形神经块，它的十个神经节是依次连接在一起的，彼此之间只有细小的空隙。其中，第一节、第四节和第十节几乎一样大小，是十个神经节中最大的，其他的关节都只有它们的一半或者三分之一大。

土蜂能非常准确地找到金匠花金龟的神经块，一针刺中这里，将它彻底麻醉。

　　后来，我又解剖了一些其他类型的金龟幼虫，发现它们的身体结构都是很相似的，尤其是在土蜂下针的部位。花园土蜂最爱吃的是葡萄根蛀犀金龟，而双带土蜂最中意的美食则是金匠花金龟，沙地土蜂孜孜以求的美食则是鳃角金龟。这三种土蜂都以吃金匠花金龟的幼虫维持生存，它们都能在条件极差的地底下对金龟子发起攻击，而且能轻易得手。这和金龟子特殊的身体构造是分不开的。尽管不同种类的金龟子体形千差万别，但土蜂依然能轻易得手，可见它们肯定有着某种共同的特征。松树鳃角金龟和缩绒鳃角金龟看上去差别极大，但它们都是土蜂的美食。

　　从前面的描述中我们可以看出，金匠花金龟幼虫一直是作为牺牲者而存在的，那么，这些可怜的牺牲者到底长得什么模样呢？原来，它腹部平坦，背部有些凸起，看上去像是个半圆柱体，后半部分尤为明显。它背上的每一个环节都有3个皱起的肉球，上面还长着颜色浅浅的硬毛。它有一个大大的圆形肛门，形状比其他部分都要大。金匠花金龟有着半透明状的皮肤，这使得它体内的内脏几乎全部可以看清。平坦的腹部虽然也长着毛，但远远没有背上那么多，也没有皱起的肉球。而它的腿呢，则短而细，好在长得还算协调。头上则长着一个带角的硬壳，前部的大颚看上去非常有劲，上面有三四个令人胆战的尖锐锯齿。

　　金匠花金龟的运动方式非常特殊，从这个方面来看，它算得上是一

种特殊的昆虫。金匠花金龟习惯用背部来行走，而腿看上去就像是个装饰品。行走时，它背部的毛像脚一般支撑着身体前进，底下的脚反而倒悬在空中，胡乱挥舞，看上去有些滑稽。如果不幸遇到好心人将它翻过来，它还是会坚持着翻过身子，继续用背走路的奇怪方式。

金匠花金龟独特的行动方式就是它的标签，可以让人轻而易举地把它认出来。金匠花金龟喜欢在腐烂的木头或者腐殖土质里生活。只要看到胖胖的、用背行走的小虫，那么无疑就是金匠花金龟了。

虽然金匠花金龟用背行走，可速度一点儿也不慢。有时候，这反倒成了它的一种独有优势。在光滑的地面，它坚硬的背毛成了独有的支撑点，能让它更加稳定地前进。

金龟子的幼虫与土蜂的战争

土蜂的猎食对象都是些神经系统非常集中的昆虫，这样在黑暗的地下才方便对它们一击致命。如果遇到鞘翅目昆虫，土蜂不但在交手时无法找到可以用针刺伤对方的地方，还有可能被对方杀死。即使有幸能刺中鞘翅目昆虫的颈部，但因为这个地方离头部太近，很容易导致其死亡，使得其作为食物无法维持到土蜂的幼虫长大。因此，土蜂选择金龟子作为食物是有考虑的，因为金龟子在被刺中以后能免除对土蜂幼虫成长的所有威胁。

对于土蜂的猎物而言，最重要的就是集中在一起的神经系统了。但是，如果土蜂的猎物不像鞘翅目昆虫那样有坚硬的皮壳，那么就不需要有集中在一起的神经系统了。因为土蜂是一个解剖高手，它清楚地知道神经中枢位于什么地方，这样也能制伏对手。如砂泥蜂猎杀毛虫以及飞蝗泥蜂对待蝗虫、距螽和蟋蟀，就是用针刺其神经所在的关节，导致对手丧失战斗力。

土蜂所选择的猎物一般都是皮肤柔软的，这样螫针就可以轻易地穿透它们身体的任何部位。但在地下进行战斗，土蜂首选的猎物还是神经系

统集中的金龟子那样的昆虫，这样就能繁衍自己的后代。

　　土蜂是如何找到能被自己打败的猎物的呢？达尔文的进化论告诉我们，这是进化过程中的偶然结果。也就是说，早期的土蜂在为自己的后代寻找食物时是漫天撒网的，最终才在众多的尝试中找到了自己习惯的食物。但这种学说有一个无法解释的问题，那就是土蜂为什么要更换自己的食物呢？总不能说是吃腻了要换换口味吧？像土蜂这样的动物，它对食物的选择是先天性的，绝不是后天改变的。要解释这种现象，我们只能假设土蜂的祖先是一种还没有定型的动物，它们的习性会随自然环境的改变而改变。我们可以设想，或许土蜂的祖先中，有一种喜欢挖掘沙土和腐泥的。一个偶然的时机，这类先祖们遇到了生活在泥土中的金匠花金龟、蛀犀金龟和鳃角金龟的幼虫，就把它们当成了专为自己准备的美食。在多年的进化中，土蜂练就了在黑暗地底下生活的强健身体，还学会了一套快速杀敌的本领。到后来，终于成了我们现在所看到的土蜂。

　　按照达尔文的进化论来说，土蜂的先祖们也不可避免地要接受自然

达尔文的进化理论指出，土蜂的祖先中有一支擅长挖洞，它们从许多生活在洞中的昆虫里选择了金匠花金龟作为自己的食物。

的优胜劣汰，在这个过程中再不断选择自己的食物，最终把花金龟的幼虫作为了食物，并把这个习惯传给了后代。在达尔文的理论里，土蜂的祖先有许多分支，有各自不同的生活习性。其中一支喜欢挖土，它们从众多洞穴昆虫中选择了金匠花金龟作为食物，进而进化成了如今的双带土蜂；另一支同样喜爱挖掘工作的土蜂遇到了蛀犀金龟，于是就演化成了现在的花园土蜂；而第三支喜欢挖洞的土蜂在洞里遇到的是鳃角金龟，于是就演化成了现在的沙地土蜂。其他类型的土蜂同样需要经过这三种土蜂的遭遇，才能最终演化成现在的模样。

看上去合情合理的进化论依然没有减轻我的怀疑。我认为，这些小虫在分化和演变过程中所遇到的困难，绝不是我们能完全想象得到的。这中间只要有一个困难无法被克服，它们就不能继续进化下去。从这个方面来看，土蜂要进化成如今的样子，是非常困难的，需要满足无数条件，而实现其中任何一个条件的概率都非常低。

首先，土蜂的先祖们选择花金龟的幼虫作为食物，等于给自己出了一个大难题。在昆虫世界中，花金龟是一种罕见的特殊物种，数量稀少。为什么原始土蜂会从数万种昆虫中选择这样一种呢？况且它们还恰巧知道这种昆虫神经系统集中，容易受伤，这不得不说是个奇迹。

当花金龟的幼虫被土蜂袭击时，它们绝不会束手就擒，而是会拼死反抗。出于本能，它们肯定会将神经密集区牢牢护住，而先暴露那些无关紧要的部位。土蜂必须要准确地找到花金龟幼虫的致命之处，给予致命一击，才可能顺利捕获猎物，稍有差池便会丢掉性命。那些没有一招制胜的土蜂，在侥幸逃脱掉后，也绝不敢再去招惹花金龟了。如果真是这样，土蜂就不能获得自己的食物，自然也无法繁衍生息下来。因此，土蜂如果要以花金龟幼虫为食，就必须一击致命地杀死它，也就是第一次出招就刺中花金龟的脑神经。但花金龟的脑神经只有 0.5 毫米长，这对土蜂来说又谈何容易？

再说，就算土蜂真能做到上面所说的，刺中花金龟的脑神经，麻痹它，

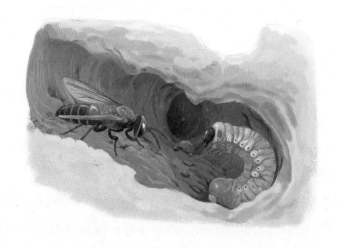

一只金龟子幼虫紧紧蜷缩起身子,保护自己的神经聚集区,
只把无关痛痒的地方暴露给敌人土蜂。

使它无法动弹,那土蜂到底该把自己的卵产在幼虫的哪里呢?要知道,土蜂选择不同的产卵部位,所造成的结果也是完全不同的。因为土蜂幼虫要将产卵处的那一点作为入口,从这里钻进花金龟幼虫的身体里,并在里面长大。一旦它选错了入口,就可能伤害到猎物的关键器官,使猎物快速死去,从而失去新鲜的食物来源,最终被饿死。

我无法观察到土蜂是根据什么来挑选产卵地点的。我唯一确定的就是,一旦它们选定了产卵点,就不可以再进行改变。我观察了许多土蜂,发现它们都会将卵产在同一个位置上,无一例外。这个产卵点十分微小,仅有两到三平方毫米大。如果没有什么特殊之处,土蜂到底是如何准确找到它的呢?它们的幼虫孵化出来后,也是从这里进入猎物身体的。如果幼虫只是一味胡乱咬吃猎物,很可能会伤害猎物,导致猎物过早死掉,变成一具腐烂的躯体,最后自己也被腐肉毒害死。因此,为了避免中毒身亡,土蜂必须要非常小心翼翼地进食,保证食物在被吃完之前都是新

鲜可口的。

从上面的描述我们可以知道，土蜂要想健健康康地成长起来，必须满足下面四个条件，缺一不可。第一，找到神经系统高度集中的花金龟；第二，必须一击致残麻醉猎物；第三，准确找到产卵地；第四，准确安排进食次序。

看完这四个条件后，我们再来看看原始土蜂要活下来，并且繁衍生息的概率是多少。它们需要经历多少偶然的幸运，才能演变成现在的土蜂呢？或许连进化论也解释不清这个问题吧。我的实验里有三种花金龟幼虫，分别是金匠花金龟、蚌犀金龟和鳃角金龟。它们身体结构相似，进食食物相同，就连生活习惯都是一样的，唯一的特殊之处就是它们是用背行走的。

虽然金匠花幼虫用背行走，但速度很快，一点也不比用腿行走的其他幼虫慢。

为什么它们要用背行走呢？最新的科学解释是，它们为了适应环境而选择了这种行走方式。金匠花金龟幼虫生活在土堆里，只有蜷缩起来，用肚子和背脊当杠杆才能顺利前进。渐渐地，它们的腿部功能退化了，成了摆设，而背部作为行走的主要器官不断增强着，长出了许多坚硬的褶子，上面还生出了一些钩子和毛。经过长时间的进化，金匠花金龟幼虫的脚就失去了行走的能力，而只能依靠背来行走了。

如果上面这种假设成立，那么，为什么缩绒鳃角金龟等同样生活在泥土中的昆虫是用脚来行走，而不是用背来行走的呢？

我不想再过多解释这个问题，我想最简单明了的答案就是，金匠花金龟天生如此。环境不能造就昆虫，而是昆虫需要主动去适应环境。这种最老套但最简单的人生哲学，我想苏格拉底的一句名言最能解释："我知道得最清楚的东西，便是我一无所知。"

第三章

各种各样的寄生虫

——弥寄蝇

昆虫档案

昆虫名：弥寄蝇

学　名：Echinomyia micado Kirby

身世背景：主要分布在日本和中国的青海、甘南等地，主要吃宿主的幼虫或宿主的食物

生活习性：习惯蜷缩在沙土上，守在一个窝旁等待机会；食物一旦出现，就紧跟不舍

绝　技：可以将卵迅速地产在猎物身上

武　器：卵

残酷的生存法则

每年的八到九月间，天气炎热，山坡上的沟渠里酷热无比，人们只要在这里停下脚步，就能发现许多膜翅目昆虫正在为全家人准备口粮。它们不仅把象虫、蝗虫、蜘蛛等搬到了自己的洞中储存起来，还储存了各种蝇虫、蜜蜂、螳螂和毛虫。一些虫子甚至用皮袋、土罐等来储存液体的蜂蜜。在这些勤劳的虫子中间，当然还会混杂着一些寄生虫。它们的目的就是寻找机会，找到宿主，好为自己传宗接代。

这是一个残忍的世界。寄生虫用它们的优势反客为主，不仅在别人的家园里营建自己的安乐窝，还要用它们的幼虫来喂养自己的孩子。这种

寄生虫不仅要抢占别人的居所，还要把别人的孩子当做自己幼虫的美食，简直太残忍了。

可怕的寄生虫有些长得像蚂蚱，它们身体肥硕，全身多毛，身体呈红色、黑色和白色三种颜色。它隐藏在不起眼的角落里，乍一看还以为是只大蚂蚁，其实是一种蚁蜂。雄蚁蜂长着一对威武的翅膀，常常在离地不远的低空飞翔。雌蚁蜂没有翅膀，但它有一个厉害的螫针。这种可恶的寄生虫将卵产在宿主的茧里，并且是产在宿主年幼的孩子旁边。

除了蚁蜂之外，这儿还有很多颜色各异的小虫子，有金色的，翠绿色的，还有紫色的。体形较小的青蜂长相俊俏，却是杀害不少幼虫的侩子手。青蜂中有一种叫蚁小蜂的，身体五彩斑斓，好看极了，但它是最冷酷的杀手，杀害了无数阿美德黑胡蜂的幼虫。

双翅目昆虫看上去十分柔弱，好像一碰就要碎似的，但它们却有着无比冷酷的心。

我们先来看看弥寄蝇这种双翅目昆虫。我观察过弥寄蝇，它是一种灰色的小蝇虫。它总是很有耐心地守在铁色泥蜂、大头泥蜂、节腹泥蜂和步甲蜂的窝旁，等待它们满载猎物归来。弥寄蝇就跟在它们后面，在它们将要进窝的一瞬间，在它们身上产下自己的卵。从此，弥寄蝇的卵就在它们的家里成长了，而这些蜂虫的幼虫也就成了弥寄蝇后代的美食。

还有一种更可怕的双翅目昆虫，那就是卵蜂虻。希腊语中，卵蜂虻是黑炭的意思，这可能跟这种昆虫的颜色有关。它有着一对大大的翅膀，半黑色，半透明。还有盾斑蜂和毛足蜂，它们也是很厉害的杀手，虽然体色就如同葬礼上穿的丧服一般。

我一直很困惑，为什么它们是这种颜色呢？动物有保护色，这个小读者们都听说过。云雀的土色能帮它隐藏在泥土中而不被敌人发现，蜥蜴的草绿色能帮它隐藏在树叶上。可并不是所有的动物都有保护色，有些甚至与环境的颜色格格不入，例如在崎岖而光秃的岩石上觅食的普罗旺斯眼状斑蜥蜴，它和普通蜥蜴一样是绿色的，这难道不会暴露自己吗？这些动物难道就不需要隐藏自己吗？它们就没有敌人吗？

因此，把保护色作为一种对所有动物都适用的理论，显然是站不住

瞧，一只青毛菜虫躺在嫩绿的叶子上，与环境颜色那么相似，很难被发现，而不远处飞过来的肉色大青蜂就要招摇很多，它有着与环境截然不同的颜色。

脚的。青蜂的颜色在所生存的环境中十分显眼，但它还依然存在着。而泥蜂呢，它们常常飞在高空中，完全不受颜色的干扰。这种理论还说，寄生虫会找一些与自己颜色类似的宿主，好使自己不那么容易被发现。但青蜂跟它的宿主颜色就完全不一样。对于这种理论，我们不必过于认真，只是把它看成一种自然现象就可以了。

曾经，我就这一问题和一位资深的昆虫学专家进行过交流。他对我培育的一种黑黄色寄生虫产生了浓厚的兴趣。

"这一定是胡蜂的寄生虫。"他非常有把握地说。

我很惊讶他能如此肯定，问道："您是依靠什么得出的判断呢？"

"这很简单！你看，它的颜色黑黄相间，与胡蜂特有的体色非常接近，是非常明显的拟态现象。"

"的确很像，可它不是胡蜂的寄生虫，而是高墙石蜂的寄生虫，石蜂的形态颜色与胡蜂完全不一样，它是褶翅小蜂，不能进入胡蜂的巢，无法在胡蜂身上寄生。"

我们不能通过拟态就判断一种
昆虫的属性，毕竟拟态并非适
用于一切昆虫。

"不会吧？难道是拟态出错了吗？"

"拟态只是一种不可靠的感觉，我想我们不必时时记着它。"

这样的例子太多了，这位昆虫学家被我说服了，承认这种不可靠的理论将会带给自己错误的判断。所以，亲爱的小读者们，如果你们想通过拟态来推断一种昆虫的习性，我想你很可能得出一个错误的结论。

说完了昆虫的体色，我们再来看看寄生现象。许多人认为寄生者就是依靠着别人为生的人。但在昆虫的世界里，这个看法却不是那么准确。例如，青蜂、蚁蜂、卵蜂虻和褶翅小蜂都是寄生虫，但这些虫子是以幼虫为食物的，并没有依靠着寄生的主人。当弥寄蝇将卵产在泥蜂身上时，它才算真正占据了泥蜂的家，这才是真正成了泥蜂的寄生虫。

毛足蜂用自己的卵取代了条蜂的卵后，它才成了名副其实的寄生虫。条蜂储存的美味蜂蜜连自己的孩子都还没品尝过时，就被寄生虫抢先食用了。这些寄生虫毫无愧疚之心，胡吃海喝，就像在吃自己的东西一般。

土蜂算不算寄生虫呢？不算。因为土蜂没有闯进别人的家里去霸占食物，而是寻找金龟子幼虫来喂养后代。土蜂跟泥蜂、飞蝗泥蜂、卵蜂等赫赫有名的昆虫猎手一样，忙着捕捉猎物，但它没有固定的居所，通常是将猎物放在原地，等着孩子们就地将这些猎物吃个干净。

但土蜂和蚁蜂、青蜂、褶翅小蜂等昆虫的习性几乎一样。它们都将自己的后代放在猎物身旁，不管是卵还是已经孵化出来的幼虫。这些昆虫大部分没有螫针，靠麻醉猎物来捕获它们，所以这些猎物都没有伤口，不像土蜂那样，要钻进猎物的肚子里去吃新鲜的美食。

寄生虫在选择猎物时有自己的标准，它们选定和捉到猎物后，会让自己的孩子来进食。此时，猎物已经毫无反抗之力了，寄生虫没必要亮出像螫针这样吓人的武器。昆虫世界纷繁复杂，在这里找到一个没有反抗之力的猎物，实在算不上一件难事。那为什么这些寄生虫还可以被称为有名的猎手呢？这些猎物虽然本身并不强大，但它们大多住在坚硬的房子里，

如果一只檐棚石蜂不幸走失或者亡故了，它的财产会被邻居占有。但享用这份财产的人并不是个贪心鬼，它只是不想浪费掉这些东西。

有厚厚的虫茧作为保护。对雌蜂来说，要准确找到猎物的藏身处，还得想方设法将卵产在其周围，这的确不是一件容易的事儿。所以，从这个方面来看的话，青蜂、蚁蜂和它们的对手都应该是自食其力者，而弥寄蝇、毛足蜂、盾斑蜂、芜菁才是寄生虫类。

那么，寄生昆虫是不是就该被人看不起呢？虽然在人类社会里，这种好吃懒做的行为的确应该受到鄙视，但在昆虫世界里，这种现象并不应该受到批评。因为这完全是两码事。昆虫从不会去跟自己的同类抢夺食物，也从不会有昆虫会寄生在同类身上。下面，我们就来看看檐棚石蜂的生活情境吧。

在一个檐棚石蜂聚集的地区，它们共同生活，有着各自的家庭，从不会去抢夺别人家的食物。这些檐棚石蜂相互尊重，从不随便进出别人的家门，即使无意走错了门，也会受到主人严厉的斥责。如果哪一户檐棚石蜂不幸死亡或者消失了，它的食物会被邻居所享有。享用这些食物的邻居也并不是贪婪的，只是为了能很善用这些食物而已。在膜翅目昆虫的世界中，懒惰成性，只想白白享用别人劳动成果的，是非常可耻的家伙。

所以，对于如何定义寄生，我们需要从广义的角度去探寻。对于昆虫界而言，这是它们的生存法则。有一个要生存，就有一个注定要灭亡。

不请自来

寄生理论是很容易弄懂的。毛足蜂比较懒，喜欢依靠别人来养活家人，最后它的劳动器官也随之退化和减少了，整个种族都变成了寄生虫。还有的种群因为要生存，不得不抢占别人的家。这使得它们的工作过于简单和单一，而它们的后代也继承了这个特质，导致整个种群的劳动器官也渐渐退化和消失了。同时，为了适应新的环境，它们的身体和习性也跟着发生了变化，到最后完全变成了寄生虫。

膜翅目昆虫的寄生虫可一点儿也不懒惰，为了寻找
一个合适的巢穴，它要在太阳下不停忙碌，期间不
知道得失望多少次。

如果大家仔细研究寄生族的历史，会发现它们的身体变化其实并不
是很多，例如，拟熊蜂是熊蜂的寄生虫和变种，它们长得非常相似。而暗
蜂则和自己的先祖黄斑蜂有些相似的外形。人们看到尖腹蜂时，会联想起
切叶蜂。

这样看起来，进化论是正确的，但要说服我还不够。我需要知道昆
虫的喜好、技能和类型，以便和进化论理论进行对比。

在进行探讨之前，我还是要声明一点，虽然懒惰是昆虫繁衍的有利
条件，但我还是不喜欢这种行为。在我看来，无论是哪种生物，都必须依
靠劳动来生存。如果懒惰真能有利于繁衍后代，那么人类为什么不培养自
己的后代这种品性呢？

石蜂的巢穴非常结实，整个外层涂着一层厚厚的粗灰泥浆，蜂房的入口处还加固了一层厚厚的沙浆。

　　言归正传。寄生虫真的是因为懒惰才寄生的吗？它的不劳而获真的全是为了自己吗？从我观察膜翅目昆虫的寄生性开始，一直到现在，我还没有发现它具备这种懒惰的习性。相反，在我看来，寄生虫生活得十分辛苦，远比其他劳作的昆虫要累。为了找到一个合适的巢穴，它必须在太阳下不停地寻找，期间不知要失望多少次。有时候，就算宿主心甘情愿，寄生虫也不一定能过得很好。而且它的工作也不是很轻松，产卵时也需要耗费气力。因为它的产卵没有计划，完全是碰运气。如尖腹蜂在寻找切叶蜂的巢时，常常要为一些问题而犹豫，稍有考虑不周，对后代就是毁灭性的打击。

　　暗蜂是高墙石蜂的寄生虫，它们会在石蜂建好巢穴后主动光临。为了产卵，暗蜂要耗费时间和精力去挖掘蜂巢的外壳。石蜂的蜂巢外糊着一层厚厚的泥浆，十分严实，入口处还封着厚厚的砂浆，想要进去可绝不是一件容易的事儿。但暗蜂依然坚持做了，可见它并不是懒惰无能的。坚硬的外壳需要用刀划开，但寄生虫没有刀具，只能自己一点点去咬，为此它们常常累得精疲力竭。

石蜂的蜂房和石头差不多坚固，暗蜂要来到这里寄生，既要穿过整个外壳，又要穿透石蜂仓库的大门。这个浩大的工程所要花费的时间是巨大的。好在暗蜂有恒心，最后还是达到了自己的目的。当蜜露出来后，暗蜂溜进去，对着石蜂的卵产下自己的卵。这里面的食物，石蜂和暗蜂的幼虫可以一同享用。

暗蜂闯入石蜂的巢穴，还需要对破坏的地方进行修复，防止自己开通的通道被堵死。这项工作也是很艰难的。暗蜂要从蜂巢的下方采集一些红土，然后用唾液将土混合成砂浆，把入口堵住。经过修整的外壳跟原来的并无不同，除了颜色上略有差别。为了把巢穴建得坚固一些，石蜂尽量不用近处的红土，而要跑到附近的大道上去寻找泥土，再往里面加上唾液，使得它远比红土坚硬。石蜂的巢是灰白色的，上面有些几毫米宽的红点，那是暗蜂打洞留下的痕迹。暗蜂在挖道时，先用上颚来咬碎岩石，接着再搅拌，最后再当泥瓦工，用砂浆修复顶板，整个过程艰巨而辛苦，哪里有一丝懒惰呢？

一只好脾气的石蜂发现自己的家被侵占了，只好在附近又找了一个蜂巢。瞧，它正在用力啃咬蜂巢厚厚的外壳，希望早点儿打开这扇大门。

从进化论的角度来看，暗蜂的先祖应该是黄斑蜂。黄斑蜂也属于勤劳一族，为了营造自己的窝，它会从油脂类植物的茎上采集一些绵软的絮状物，把它加工成囊，再用腹部的刷子把这些收集来的东西放好。它还是个干活的巧手呢，有时会利用死去蜗牛的坚硬外壳来建造自己的房子。

相比较而言，老祖宗们的工作要轻松得多。那么，为什么石蜂会放弃祖传的轻松职业而选择这样一个又苦又累的活呢？难道是为了证明自己不懒惰吗？

动物是不会犯这种愚蠢的错误的。大家也许会说，或许是雌蜂将产下的卵放到同族的巢穴中，发现这样做既方便又省力，还有利于后代的生长，就把这种方式延续了下来。经过不断的演变，这种方式发展成了寄生行为。但棚檐石蜂和三叉壁蜂的产卵方式，使这种假说被人质疑。

我把石蜂从它们的窝中移走，看看它们能否重新找到自己的巢穴。如果石蜂迟迟不归，它们的巢穴便会被邻居所占用。而看到自己的家被侵占，重新归来的石蜂倒是好脾气，它默默咬开附近的某一个巢穴，走进去开始建筑巢穴，储存食物。它把巢穴中原有的卵毁掉了，将自己的卵放了进去，最后再把蜂房关闭掉。它干得很自然，仿佛是在干一件尚未完成的工作。

我从十个不同的蜂巢里抓了十只石蜂，分别和蜂巢一起做上标记，然后把这十只石蜂关在盒子里，一天之后再放出来。在这期间，它们的蜂房要么被新的巢穴取代了，要么大门被关了起来，很显然，它们的窝已经被别人霸占了。

十只石蜂中有九只很快就找到了自己的家。虽然发现家被霸占了，但石蜂没有选择就此离开。它们努力啃咬着蜂房坚硬的外壳，想要再次飞进去。如果自己的蜂房已经被取代，石蜂也只好在最近的地方寻找下手的目标，寻找新的蜂房啃咬起来。但是只要自己的家还能回得去，它们依然会安静地回到自己家中，不会去别人家搞破坏。

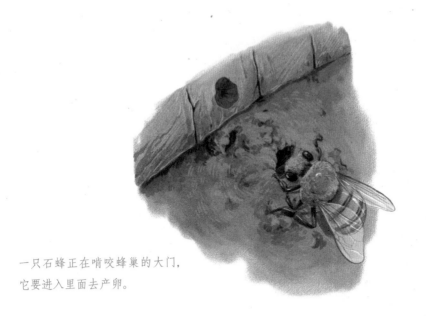

一只石蜂正在啃咬蜂巢的大门，
它要进入里面去产卵。

更常见的场景是，这些石蜂有的不想走远路回家，就会就地取材，去霸占别人的住宅。它们会捺着性子啃咬蜂巢坚硬的外壳。所有蜂房只有全部筑好后，才会涂上一层粗糙的灰色泥浆，因此，这些侵略者们只要咬掉外面的砂浆壳就行了。这项工作并不容易，但石蜂们还是咬牙坚持干完了。

石蜂侵占了他人的住宅，而住宅的原主人也并没有采取行动，于是住宅就换了个新主人。入住后，石蜂并不着急产卵，而是要先静静思考一会儿。不久后，它会毫不犹豫地将原主人的卵抛得远远的，仿佛怕它们弄脏自己的屋子一般。为了让自己的后代住得舒服，石蜂可丝毫没考虑别人的后代。

那些幸运地回到自己家中的石蜂，它们将会更加忙碌。它们中有的忙着储存花蜜，有的忙着修补巢穴，一点也不轻松。所有准备工作都完成后，石蜂才开始产卵，还得把蜂房的入口堵住。我观察过一只急性子的石蜂，它在外壳还没完全干透的时候，就把原主人给赶走了，自己则一直守在蜂房门口不肯离去。直到确定自己真的成为屋子的主人时，它才开始储藏粮食。

壁蜂在树莓桩中筑巢，它们在这里修建了很多分开的蜂房，各自分开居住在一个单独的房间里。

我发现，自己用来做实验的那些石蜂性子都很好，从不主动侵占别人的房屋。发现蜂巢被占后，它们有的会在原地重新建巢，有的会忍气吞声地去找建筑场所，还有的则捺着性子去采集沙石。但我知道，石蜂最喜欢用的办法还是侵占他人的房屋。

要发现这个事实并不难，只要把石蜂关一段时间就可以。如果发现石蜂咬破蜂房大门，走进去产卵，那它一定是个侵占他人屋子的抢劫犯。可它终究也是因为失去了自己的房子，才去侵占别人的家。除了静静产下自己的卵，它绝不会去报复任何人。

下面，我们再来说说寄生虫。我们习惯性地认为，寄生虫很懒惰，靠寄生存活和繁衍后代，可事实真是这样吗？

我们先来看看棚檐石蜂。它们习惯于把别人的卵丢掉，再把自己的卵放进别人的巢穴。从进化论的角度来说，它们的这种习惯是有利于自身的繁衍的。它们无须辛苦劳作，就可以完成繁衍后代的工作，这的确是一件很不错的事儿。

可石蜂并不是寄生虫。如果它们的房屋不被侵占，它们是绝不会去抢占别人的房屋的。况且石蜂也没有寄生虫类的亲戚。

接着我又观察了壁蜂。壁蜂在被我关进实验试管的几周后，就在里面建造了许多独立的小窝，各自分开居住在这些小窝内。后来，我把它们转移到隔壁没有单独房间的地方，发现它们又开始建造起房子来，并没有什么怨言。不过第二次的建造物可比第一次要粗糙多了。最让我吃惊的是，它们竟然想办法打通了去隔壁房子的路，并且顺利钻了进去。一钻进去，它们就开始疯狂吃里面的食物，就连里面的卵也通通吃掉，而这些很可能是它们自己当时产下的呀。壁蜂可不管这些，它们只想赶快占领别人的地盘。

壁蜂在收拾妥当侵占的地盘后，才开始储存食物。这时，你丝毫看不出它是那个残忍吃掉自己卵的母亲，它又变成了一个尽心尽力的好妈妈。

我还发现了一个有趣的现象。我在壁蜂筑巢的树莓桩里发现了许多连在一起的蜂房，里面有许多虫卵和残留的食物。这些虫卵大约有 4 到 5 毫米宽，形状为圆形，颜色透明。虫卵一端挨着食物，另一端歪歪斜斜地

靠在墙壁上，上面居然还附着另一种完全不同的卵。这种卵非常尖细，比壁蜂的卵小得多。看起来，它是一个寄生虫的卵。

　　寄生虫的卵率先被孵化出来了。因为它处于远离食物的一端，于是就靠着啃噬宿主的卵为生。很快，壁蜂的卵就变得干枯起来，而寄生虫的幼虫成了这里的新主人。为了尽快摆脱危险，这些小小的幼虫终日忙碌着，力求在最快的时间里解决掉那些危险的东西。当洞中的食物被吃光时，幼虫的茧已经织好了。一段时间之后，它们就要破茧而出了。这种寄生虫便是寡毛土蜂，它是真正以消费他人的食物为生的，是真正意义上的寄生者。

第四章

工作狂

——石蜂

昆虫档案

昆虫名：石蜂

身世背景：主要生活在以色列的埃特拉地区，其他地方也有分布

生活习性：喜欢生活在安全性好、阳光充足的地方，会采用优质的矿脉建窝，擅长筑巢

喜　好：喜欢吸食花粉，工作勤奋

绝　技：弱小的它能采集坚硬的石粒

武　器：天生具有三根毒螫针

第四章
工作狂——石蜂

 **在别人家生活**

高墙石蜂的所作所为的确让人很不齿，这种掠夺行为让我们对其种族的印象很坏，以至于都忘记了石蜂种族里还有一支叫卵石石蜂的勤劳者。

卵石石蜂的窝一般修在卵石上。它们非常勤劳，整个五月都在太阳底下辛勤地劳作。卵石石蜂的牙齿便是盖房子的工具，它们用自己的牙齿咬扯着周围路上的沙泥，而且干得非常投入，哪怕头不小心被路过的人踩到，它们也完全觉察不出。

在这些劳动者眼中，道路上最干、最硬的卵石就是最优质的矿脉，它们把沙石一粒粒挖出，再用唾液搅拌成泥浆，最后心满意足地带着这些材料离开。它们就这样忙碌着，直到自己的窝盖好为止。

卵石石蜂将收获的花蜜放回蜂房后，会继续采蜜工作，直到夜幕降临。天黑后，它们躲进蜂房里过夜，头部低垂，只把肚子的尾端露在外面，牢牢堵住储藏室的大门，防止小偷或者强盗来抢夺它们的劳动成果。

卵石是石蜂眼里最优质的矿脉，它们把卵石一粒粒挖出，再用唾液搅拌成泥浆，最后心满意足地带着这些材料离开。

我通过粗略核算得出，卵石石蜂修建蜂房和储存食物至少需要飞行15千米。当然，这个结果只是一个估算，我的这点观察数据远远不足以算出精准的答案。通过观察我发现，每个蜂巢大约有15个蜂房，另外，蜂巢外需要再浇一层水泥，虽然浇灌工作不用特别精细，但需要的材料不少，大约占了总工程量的一半。卵石石蜂为建造巢穴不停奔波，最终精疲力竭而死。它们会在巢穴完工后，找一个隐蔽之处安静地等待死亡。

虽然卵石石蜂只有短短几周的寿命，但它宿夜辛苦地为后代们留下了一个坚固的巢穴，还为它们准备了许多口粮。尽管如此，它并不能真正为后代带来好的生活，因为十多种懒惰可恶的家伙正等着抢夺它留下的巢穴和粮食呢。

这些可恶的家伙非常狡猾，十分了解如何霸占别人的劳动成果。它们抢走了石蜂的一切，包括它们辛苦建造的巢穴，储藏的粮食，还有它们刚刚出生不久的小幼虫。

暗蜂和束带双齿蜂喜欢偷吃粮食。暗蜂常常趁卵石石蜂不在时偷偷溜进它的巢穴中，并在此产卵。暗蜂完全不用为食物发愁，因为石蜂的体形比它要大上很多。

因为蜂房够大，食物够多，所以最初之时宿主和寄生虫可以和谐地生活在一起。但随着时间的推移，幼虫慢慢长大了，房子不够住了，食物不够吃了，问题也就随之而来了。寄生虫吃东西很快，它们总能比宿主早一步抢到食物，导致缺乏食物的宿主渐渐饿死了。吃饱喝足后，寄生虫要开始织茧了。这些茧小小的，但很牢固，颜色为褐色。为了充分利用房间的空间，寄生虫把茧结成了一个团。人们如果细细观看，会在它茧的隔板间发现一张枯死的皮，这是被吃掉的石蜂幼虫留下的皮囊。

所以我们又可以这样认为，卵石石蜂在蜂房中出生，又在这里被吃掉。它们的尸体并不常见，因为它们早被寄生虫给吃光了。加上蜂房又十分狭小，暗蜂为了能有更多的地方织茧，可能会把石蜂统统灭掉。

还有一个十分随意的来客，它就是束带双齿蜂。尽管掘棚檐石蜂和

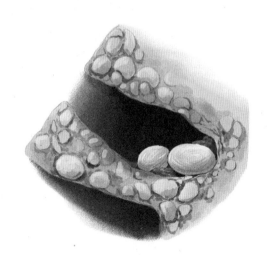

寄生虫的茧是褐色的，整个茧结成一个团，中间躺着一张枯死的皮，那是被它吃掉的石蜂幼虫留下的皮囊。

卵石石蜂的蜂房中居住着许多住户，但这毫无妨碍这个随意之客的入侵和盗窃。没有谁能对它注意起来，尽管它外表醒目。就算那些负责守卫工作的蜂儿也没能对它有所防备。

狡猾的束带双齿蜂混迹在石蜂的队伍里，看似在参观劳动场所，其实是在等待时机。等到主人离开住所后，它便马上钻进去偷吃蜂蜜，随后又飞快地跑出来，动作十分迅速。它偷吃了很多蜂房中的蜜，最后才选定一个满意的蜂房安定下来，准备产卵。它小心地将卵产在花粉堆里，不让石蜂觉察到任何蛛丝马迹。因为石蜂十分爱干净，一旦发现不属于房间的东西，便会马上清除掉。它这种在大白天便进行偷盗的行为比起黑夜作案的寡毛土蜂来，要更加可耻。也正是因为如此，它也格外小心谨慎。

卵石石蜂产卵结束后，会用水泥牢牢封住蜂房大门，它们认为这样就是安全的了，但这恰好是束带双齿蜂的机会。

蜂房被封牢后，卵石石蜂和束带双齿蜂的卵便同时留在了蜂房里。不幸的是，此时卵石石蜂的卵只能沦为束带双齿蜂卵的食物。这些束带双齿蜂的卵在还没长大时，便要恩将仇报，吃掉自己恩人的后代，行为令人发指。

事实上，它们完全没必要这么干。石蜂已经在蜂房中储存了足够多的食物，足够把它们都喂得饱饱的。但是，因为这些东西并不是它们辛苦创造的，因此就格外不懂得珍惜，所以，双齿蜂的幼虫随意浪费食物，最终导致食物不够吃，转而去吃掉自己恩人的孩子。

卵石石蜂的幼虫吃得胖胖的，它们的工作就是织茧。织好茧，它们便在里面睡觉，这也是危险的开始。等它们熟睡后，可恶的寄生虫便偷偷跑过来，将卵产在它们身旁，使它们慢慢沦为了这些卵孵化出的幼虫的美食。

更悲惨的是，卵石石蜂还得时时刻刻看好自己的居所。为了防止这些可恶的强盗来侵犯自己的蜂房，它们得时刻提高警惕。有时候，石蜂之间还会为争夺地盘爆发激烈的战争。石蜂不会轻易新建住所，除非旧房子已经老得无法居住了，这也是为什么它们要拼命守护自己居所的重要原因。

膜翅目昆虫中不乏勤劳者，但有一些天生不善建筑。对它们而言，石蜂的旧巢穴已经非常好了，因此想方设法去抢夺。那些最先抢占巢穴的昆虫自然就成了这里的主人，它也绝不会允许别人再来打扰。而没有抢到的昆虫也不会再去侵占已经有主人的巢穴，它们会转而去寻找下一个目标。

一些膜翅目昆虫天生不擅长筑巢，它们会想方设法地去抢夺别人的旧巢。不过，那些已经被侵占的巢穴绝不是它们的目标，先来后到的规矩它们是十分明白的。

第四章
工作狂——石蜂

接下来，我再为大家介绍两种不劳而获的寄生虫——青壁蜂和切叶蜂。这些体态娇小的家伙有着惊人的能量，一口气能在石蜂蜂巢上建5~8个蜂房。壁蜂会根据具体情况，将抢占来的旧巢用不同形状的挡板隔开，做出一些小的蜂房。这一工作并不复杂，壁蜂通过咀嚼一种绿色植物就能做成挡板，还能用这种植物的绿色浆液做成蜂房的大门。有时候，它们会在浆液里添加一些泥沙，使蜂房更加坚固。

这些绿色植物受光合作用影响会变成褐色，导致整个蜂房看上去很老旧，无法判断它具体是什么材料做成的。

除了上面这几种虫子，摩氏壁蜂、蓝壁蜂、黄斑蜂和斑点切叶蜂也是卵石上的常客。斑点切叶蜂在蜂巢中储藏了许多蜂蜜，并将这些蜂蜜精心地用野蔷薇树叶做成的圆形垫子收藏好。

棚檐石蜂家也有不少不速之客，比如三叉壁蜂和拉氏壁蜂，它们是最亲密的伙伴。三叉壁蜂偏爱棚檐石蜂和毛足条蜂的窝，拉氏壁蜂就会陪着它，形影不离。

在一个蜂房中，寄生虫跟房屋的主人相安无事地和平共处着，彼此间互不打扰。壁蜂不爱住老旧的蜂房，卵石石蜂也不愿意跟它挤在一块，于是卵石石蜂把自己的新房子让给壁蜂，自己再去找个旧巢住。即便这样，它们还是愉快地共处着，卵石石蜂给了壁蜂这种特权，因为它生来就居住在这里，并且很受欢迎。

在一个蜂城中，真正的建造者和寄生族一起工作，一起生活，彼此相处得十分融洽。壁蜂可不是一个省心的主儿，绝不会只满足于寻找已被石蜂遗弃的旧窝。我经常看见老实的棚檐石蜂在打扫破旧的居所，这是因为它们美好的新家被壁蜂等强盗占去了，也只能如此了。当巢穴被侵占后，卵石石蜂宁愿再寻找一个能够独自清静待着的旧家，也不愿意和这群"强盗"共处一室。看起来，壁蜂在卵石石蜂那里还真享有"特权"啊，仿佛壁蜂生来就该住在这里。

石蜂的巢穴在经过长时间的风吹雨打后，会变得十分破旧。当破旧

的巢穴无法再修补时，石蜂就会抛弃它，选择离开。有时候，巢穴就像一座坟墓，将那些羽化成成虫的石蜂困在其中，最后只能活活等死。在旧的巢穴里，我们经常能看到一些黑色的圆柱体，那是死去幼虫的尸体。还能看见不少虫子蜕化过程中丢弃的茧和老皮，甚至还能发现成堆的粮食。

有些棚檐石蜂的巢居然有 2 厘米那么厚，里面残留着死去的石蜂以及一些还没有蜕化成成虫的幼虫的尸体。鞘翅目昆虫喇叭虫、蛛甲和圆皮蠹常来这里觅食，这些尸体对它们来说可是美味。到了石蜂忙碌的季节，这些喇叭虫成虫常来舔一点儿从罐里渗出的蜜。石蜂并不干扰它们，只是将它们看成了来帮忙打扫居所的客人。

只要破旧的巢穴还能利用，石蜂就不会离开。一群蜘蛛待在残破不堪的旧蜂房中，一边织着网，一边虎视眈眈地等待着猎物到来。一旁的墙角里，蛛蜂、短翅泥蜂、织毯蜂安静地陪伴着它们。

这是一座已经破败的石蜂巢穴，看起来它是无法修补了，石蜂们只好依依不舍地抛弃它，纷纷飞向了远方。

第四章

工作狂——石蜂

灌木石蜂似乎很幸运，没有什么寄生族来打扰它。我想可能是因为灌木石蜂的巢是建在树枝上的吧。树枝容易断，巢穴根基不稳，因此不能稳固地存在下去，而寄生族出于为后代安全的考虑，最终没有选择它们。

由此来看，灌木石蜂把巢建在树上是一个不错的选择，有效地避免了寄生虫前来干扰。我统计过一片瓦上的蜂群数量，发现束带双齿蜂和石蜂的数量相差无几。它们中的一半被寄生虫消灭了，而另一半被褶翅小蜂和它的同类惮格米蜂干掉了。

卵石石蜂似乎可以躲过这样的灾难。我在一个石蜂的巢穴中发现了 9 间蜂房，其中 3 间被卵蜂占领，2 间被褶翅小蜂抢走，2 间被暗蜂侵占，1 间被惮格米蜂夺走，最后剩下的 1 间才是属于石蜂的。看来，选择合适的筑巢位置真是一件至关重要的事儿啊。

为了让自己的家人不受打扰，灌木石蜂选择把巢建在空中。这种巢建在脆弱的树枝上，穴根基不稳，寄生虫可不愿意寄居在此。

 卵蜂的奇异生活

　　对于卵蜂，我知道它是怎么进入石蜂那坚硬的堡垒中的，却不知道它是如何吃掉里面的幼虫，再从里面出来的。

　　卵蜂母亲的卵不会出现在石蜂的蜂房中，因为石蜂早在卵蜂产卵前就关好蜂房大门了。而卵蜂又没有锋利的爪子，坚硬的上颚，自然无法像别的寄生虫那样，挖开紧闭的大门。那它究竟是如何进入石蜂的蜂房中的？

　　让我们通过观察卵蜂来得到答案吧。九月末是卵蜂的孵化时节，此时，它们需要捕食猎物。壁蜂肉质坚硬，不适合幼虫食用；而皇冠黄斑蜂身强体壮，不会轻易被制服，它们都不是卵蜂的最佳猎捕对象。那么，哪种昆虫才是卵蜂的理想猎物呢？

　　在野外观察卵蜂绝非一件易事，我费了很大劲才观察到，这些小家伙飞行时似乎总是在与地面接触。是在产卵吗？既然无法在石蜂蜂房中产卵，将卵产在野外也未尝不可。可我在这些地面上找了许久，也未找到卵。

　　我的居所旁有不少石蜂，因此能很方便地观察石蜂巢穴里的卵蜂，可它们中竟没有一个在产卵。为此，我还专门请来了牧羊人帮忙，结果仍然是一无所获。我想，这或许是因为，卵蜂并不打算在这里长居，它依然喜欢住在陡峭的悬崖边，因为那里有充足的食物和居住地。在这个不错的居住地里，卵蜂找准一个自认为不错的地方，然后飞过去，用腹部猛地撞击一下，就将卵产了下来。

　　卵蜂并不喜欢石蜂深居简出的习惯，它需要数目众多的蜂房来产卵，而石蜂的蜂房都是孤立分布的，不利于卵蜂产卵。况且也并非所有的蜂房都是开放的，不少蜂房为了防止寄生虫进入，都紧紧关闭着。有时候，为了找一个产卵的地方，卵蜂需要飞到很远的地方去，从无数个蜂房中选出一个适合自己的。所以，卵蜂必须有一双锐利的双眼，才能从一块块卵石

中发现那些独立的蜂巢，再降落在这里，产下自己的卵。产完卵，卵蜂会立即飞走，它们不会选择在蜂巢里歇息，即使真的累了，也只会飞去草丛中或者地面上休息一会儿。因此，我跟牧羊人能发现它，就不足为奇了。

我想，卵蜂的幼虫在初始状态时，与我观察的许多寄生虫是不同的。卵蜂产卵很随意，新生命降生后，只能凭借自己的本能去发现蜂巢。它们仿佛天生便有这样的本领，能穿过重重障碍，进入石蜂的居所，在这里安顿下来。

观察卵蜂得不到我想要的结果，于是，我转而去石蜂的巢穴里寻找刚从卵中出来的幼虫。我托牧羊人帮我搜集蜂巢，没多久，他们就为我搜集到了不少。我将这些搜集到的蜂巢放在阳台上，闲时便去瞧瞧。我坚信能有所发现，可事实上，尽管我用尽了各种方法，却依然毫无所获。大约半月后，我扔掉了许多蜂巢，里面还有许多死掉的幼虫。

7月25日这天，我终于有所发现——石蜂幼虫身上好像有什么东西在动！起初，我以为自己看错了，或者只是风吹起小绒毛造成的现象。我细细一看，发现它的确是一只小虫子。令我失望的是，这只幼虫看上去一点也不像卵蜂的幼虫。但我还是把它跟宿主一起放进了一根小玻璃管，生怕因为自己的判断失误而错失了一次观察卵蜂幼虫的机会。

接下来的两天中，我又找到了十只这样的小虫子。这些小虫身体呈半透明状，小小的，石蜂幼虫身上的褶皱便是它们很好的藏身之所，以至于好几次我都以为它们被石蜂幼虫压死或者逃跑了。我连续观察了15天，发现这些小家伙长得越来越像卵蜂幼虫，进食方式也与卵蜂幼虫一致，最终得出确定：它们就是卵蜂的第一批卵。

卵蜂幼虫约一毫米长，身体是半透明的，很细小，犹如头发丝，身上有比较明显的分节。这些小家伙十分活泼好动，喜欢在石蜂幼虫身上爬动，或者躲到石蜂幼虫的褶皱里睡觉。它们行动敏捷，靠蜷曲身体来前行，停着不动时身体前半部分会四周转动。

卵蜂的初次卵包括头有13个分节，头小小的，呈琥珀色，长着稀疏的角质，上面长有又短又硬的毛。三节胸节的每一节上都长着两根长毛，尾部的一节上则长着两根更长的毛。这三对长在前部的长毛与一对长在后部的长毛，便是用来行走的脚。尾部还有一个小小的圆形突起，具有黏性，能作为身体的支撑点。透过它那半透明的身体，我们能看到两根平行生长的气管带，气管带末端有一对气门，这是双翅目昆虫幼虫的特征。

前两个星期里，我发现幼虫几乎不进食，只是在石蜂幼虫四周不停走动，像是在观察什么。我想，它现在或许还不需要进食，只是在找寻进入石蜂蜂房的入口。母亲将卵产在了蜂房表面，因此，幼虫必须先进入蜂房内，才能吃到石蜂幼虫。石蜂的蜂房修建得严密异常，想要进入可不容易呢，因此，卵蜂幼虫只能不停在周围转动，寻找机会。通常，卵蜂幼虫都要花上很长一段时间，才能找到进去的入口。在顺利进入石蜂蜂房后，它们开始了进食，大约半个月后便能发育成成虫。

卵蜂的一生需要经历四个时期，每个时期的形态和能力都有所不同。初态幼虫打开通道进入有食物处；二态幼虫开始进食发育；接下来，发育成熟的幼虫钻开茧，爬出来；最后，发育成成虫产下卵。

石蜂幼虫还是褶翅小蜂的美食呢。我曾见过一个棚檐石蜂巢穴被多次钻探的情况，结果是一个蜂巢里有了多只褶翅小蜂的卵。卵石石蜂的巢穴中也存在这种情况。令人奇怪的是，不管蜂巢里有多少卵，里面永远只会有一只褶翅小蜂的幼虫。这个小家伙要么正在进食，要么已经将食物吃完了。这究竟是为什么呢？为什么这么多卵却只产下一只幼虫？

七月是巨型褶翅小蜂产卵的季节，初态幼虫孵化出来的时候极短，它长相奇怪，有着明显的分节，体长约一毫米，呈透明状。幼虫的身子若不包含头，共分为13个体节，从中间向两端逐渐变窄。头部位于第一胸节处，略长，弯曲而薄，上面还长着两个直直的触角。小虫的头上有一道

石蜂的巢穴建造得十分严密，几乎没有裂缝，卵蜂的幼虫想要闯入进去可不是件容易的事儿。

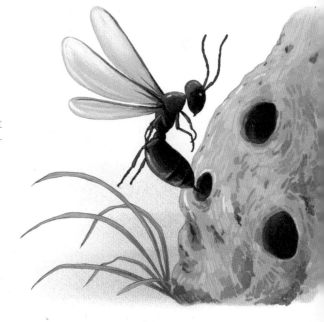

开口，是它的两片薄薄的上颚。它们拥有一切在漆黑地底生活的昆虫的特征：没有视觉器官。身体的其余部分都有一对透明的触须，触须根部都长着一个圆锥形凸起。这些触须几乎与它所在部位的身体宽度相同，幼虫浑身竖满了这种又短又硬的透明针毛。除此外，幼虫身体的每侧各有一根通贯全身的气管。

通常，幼虫会将身体弯曲成弓状，将两端的头和尾部紧紧贴在石蜂幼虫身上，其他弯曲的部分则悬空挂住，竖直地与石蜂幼虫保持一定距离。行走时，幼虫用尾节末端做支撑，将头低下固定在一处地方，再弓起身子，用力将身体后端向前拉。刚出世的褶翅小蜂幼虫则是通过肛门的帮助来完成前进的，即使有时并未走多远，但这些小家伙已经心满意足了。

褶翅小蜂和卵蜂的初态幼虫在生活习性上也完全不同。卵蜂的幼虫一旦进入蜂房，就不会再离开石蜂幼虫；而褶翅小蜂的幼虫则可能会冒险远行，大多数时候，它们都在远行的路上，要么在寻找食物，要么在做别的事情。

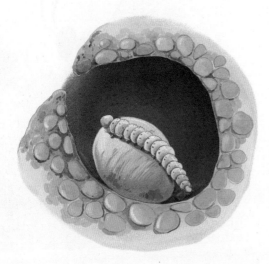

巨型褶翅小蜂的初态幼虫孵化时间很短。它有着乳白色的身体，长约1毫米，身体上有十分明显的分节。

为了得到准确答案，我在玻璃管里用棉花隔出了一间间单独的房间，在每间房中都放入了石蜂幼虫和数量不等的寄生虫。最后，我得到的结果是：无论每个蜂房中最初有多少个卵，最后剩下的初态幼虫都只有一只。在残酷的生存竞争中，最先孵化出的那只幼虫得以存活下来，而接下来的那些卵，只有悲惨地死去。

要明白这个道理其实并不难。蜂房里的石蜂幼虫只能满足一只寄生虫幼虫，因此，第一个出生的幼虫宝宝就必须消灭掉其他的卵，以保证自己有足够的食物。这也正是为何新出世的幼虫宝宝会一直在蜂房四周溜达的原因，它们是要时刻准备消灭可能出现的竞争者。

接下来，幼虫就要褪掉尖尖的甲胄和头上的角质层，变身成皮肤光滑的二态幼虫了。此时，它们舒适地躺在蜂房中，享受着美味的食物。卵蜂和褶翅小蜂的初态和二态幼虫，在形态和能力上都是不同的。褶翅小蜂的初态幼虫要完成大义灭亲的罪行，而卵蜂的初态幼虫只需要获取食物。除了这两种形态，还有别的吗？

三齿壁蜂的寄生虫寡毛土蜂产下的卵、壁蜂的圆柱形卵上附着的纺锤状卵，这些卵也都产在最高处的蜂房里，并且只有唯一的一个。为了找到不一样的形态，我又仔细观察了这些卵。

通过观察我发现，这些寄生虫的卵都是在壁蜂的卵上孵化的。小虫刚孵化出来时，呈半透明状，颜色为白色，没有足，头上有短而细小的触角，头部和身体之间有一道清晰可见的体节。活泼好动的小虫来回扭动着，在壁蜂的卵上咬了几口，壁蜂的卵就渐渐枯萎，变成了干枯的皮。这些干枯的皮也是幼虫经常活动的地方。几天后，幼虫便蜕变成了一只膜翅目幼虫。在这里，幼虫尽情享用着壁蜂幼虫鲜嫩的身体，自此，二态形成的过程完成了。

这种蜕变不仅仅是形态的变化，更是一种身体深层的更新，它意味着幼虫的功能和机体都得到了进一步进化。通常情况下，初态幼虫肩负着消灭竞争者和守护食物的重任，而当它们蜕变成二态昆虫后，就成了一位

安静的美食享用者。

　　我曾以为，幼虫在孵化出生后，就要不停运动，努力进入蜂房，获取食物，再通过食用蜂房内的幼虫来完成变态。如今，通过观察，我开始重新审视一种新的值得研究的生物学法则，它是这样的：母亲本就为幼虫提供了充足的食物，而幼虫的唯一责任便是努力进食，快快长大，一直到变成蛹态，这叫做进食形态。也有时候，卵孵化出来后，小虫要通过各种方式和竞争，甚至残杀同类，来获取食物，生长发育，这时候，它就有了一种过渡阶段的形态，被称为获取形态。

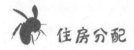

住房分配

　　每年，到了筑巢的时节，人们总能看到石蜂母亲们为争抢旧巢穴而大打出手的场景。石蜂修筑的巢穴如果建造得足够牢固，是完全可以被重复利用的，这也就是石蜂们争抢旧巢穴的原因。

　　原来的主人在飞出巢穴时，只是在上面钻了一些小孔，并没有完全破坏它。而对石蜂这个筑巢能手来说，修复这样的巢穴完全没有问题。石蜂进入旧巢穴后，会先将原来的主人撞击蜂房门所留下的土块清除掉，将原主人丢弃的虫茧一并丢掉，当然，如果茧的质量尚可，它们也会将它留下来做建筑材料。

　　收拾好巢穴后，石蜂就要准备储备粮食和产卵了。一切准备妥当后，它会用沙浆将巢穴大门封住，再接着去下一个巢穴里重复前面的工作，一直到产卵结束。如果所有的旧巢穴都被用完了，而石蜂的产卵工作还没有结束，那它就只能去修建新巢穴了。

　　石蜂拥有卓越的筑巢技巧，无论是新房子还是旧房子，外表都被石蜂修筑得十分美观，无法区分新旧。为了抵御风霜雨雪的侵袭，石蜂将巢穴的外表筑造得非常牢固精细，而内部就没有建造得如此细致了。那些对

石蜂可是建筑高手，在修复旧巢时，它们能轻松地将里面散落的土块清除出去。

石蜂蜂巢有研究的人，看一眼巢穴的内部情况，就能分辨新旧了。一些蜂巢内部存放着已经发霉的食物，这些食物看上去至少已经存放一年之久了，却丝毫未被动过。同时，里面还有不少已经枯死的卵和幼虫尸体，都已经变成了僵硬的腐臭圆柱体。还有一些成虫尸体也堆积在巢穴中，或许它们是因为过度劳累而死掉的吧。

那么，究竟如何区分巢穴的新旧呢？通过观察，如果发现老茧的上部还套着一层新茧，那么说明，这个拥有双层外套结构的巢穴至少有两年历史了。我甚至还在一个巢穴中发现过底部套在一起的三只茧，这说明巢穴至少有三年历史了。石蜂一直是个勤俭持家者，它们会将旧巢穴利用到不能用为止。

通常情况下，石蜂需要在巢穴中安排 15 个蜂房，但旧巢穴中最多只能安放一半数量的蜂房，有时候，这些充满寄生虫的房间甚至只能容纳更少的蜂房。

另外一个问题是，旧巢穴中的卵，它们的性别是如何分配的呢？我通过研究发现，它们的分配方式与雌、雄间隔的分布规律是全然不同的。从前的研究结果显示，旧巢穴因为空间有限，容纳量少，里面的卵只有一种性别，要么是雌性的，要么是雄性的，即使有两种性别，那也只是产卵的前期到后期间的过渡阶段。

而我通过观察发现，无论旧巢穴中的蜂房数量如何，这里既有雌蜂居住，也有雄峰居住，只不过雌蜂总是住在大的蜂房中，而雄峰总是住在小的蜂房里。雌蜂居住的大房间位于蜂房的中心地带，既安全又舒适；雄峰居住的小房间位于蜂房的边缘地位，面积也很局促。旧巢穴中即使只有两个蜂房，也会存在两种性别的蜂虫，这说明旧巢穴中的性别分配不像新巢穴中那样有规律，它是不规则的，这种分配是根据蜂房的数量和容积来定的。

因此，在一个有着五间蜂房的石蜂巢穴中，雌蜂的卵便产在两间大的蜂房中，而雄蜂的卵则产在三间小的蜂房里。由此我们知道，石蜂母亲在产卵前，就已经知道它所产下的卵的性别，因此才会根据性别来选择产卵的蜂房。通过观察石蜂母亲在旧巢穴中产卵的情况，我们还了解到，母亲们可以在产卵时按照性别连接顺序，不得不说，昆虫世界真是神奇呀。

在新建的巢穴中，石蜂母亲先产下雌性卵，再产下雄性卵；而在旧巢穴中，母亲的产卵则是没有顺序的，它会随时随地产下不同性别的卵。旧巢穴中的蜂房实在太少了，母亲们别无选择，只能根据蜂房的容积来产下与之相符合的卵，尽可能地利用本就不多的蜂房。

通过观察石蜂新巢穴的形状，我们得以了解到，为何母亲要先产下雌性卵，再产下雄性卵。石蜂的新巢穴是球形的，异常坚固，有着不凡的抗打击能力。球形结构使得蜂房的高度从中心向四周逐渐变小，因此，位于球形正中心的蜂房一定是最大的，而越往四周去，蜂房便越小。因此，雌蜂的卵便产在了中间的大房子里，而雄蜂的卵则产在了四周的小蜂房里。

第四章

工作狂——石蜂

卵石石蜂新修建的巢穴是球形的，抗击打能力强，十分牢固。这种形状使得蜂房的高度必须从中心逐渐向四周降低。

　　可是，旧巢穴中的房间已经是原来就有的，石蜂无法改变它，因此，它只好放弃了雌雄两组的分布方式，让卵自己去适应这里的环境。

　　石蜂并不擅长修建巢穴，无法随时随地为自己修筑房屋，因此，它们总是尽可能地找寻旧巢穴来居住，被挖空的茎干、空的蜗牛壳、树丛和地面角落处的隐蔽场所等，都是它能接受的住所。它只需在这些地方做些修补工作，加上一扇大门，或者做一块隔板，就能在这里定居下来了。壁蜂也是一种随遇而安的昆虫，它们对居所的要求不高，只要有个居住地，就很满足了。那么，对稍加修补就能居住的旧巢穴，以及辛苦修建的新巢穴，石蜂的重视程度一样吗？

　　为了找到这个问题的答案，我专门在书房里做了一个实验，将两只

不同性别的茧分别放入了玻璃管和芦苇管里。实验的结果令人惊艳，管道里的石蜂只产下了一部分卵，这些卵始终从雌蜂开始，到雄蜂结束，并且由雌蜂居住在宽敞而安全的大房间里。由此，我们得出一个结论：在容积有限的旧巢穴中，石蜂与壁蜂采取的产卵方式是一样的，这也说明了，昆虫具有根据居所环境来分配卵的性别的能力。

由于雄蜂所待的地方环境远不如雌蜂，因此，为了尽快逃离这种生存环境，它们比雌蜂更加早熟，比雌蜂早大约半个月孵化。况且，雄蜂的居所位于蜂房四周，它们即使早些离开，也不会打扰到蜂房中心的雌蜂。

我用短芦苇管给拉特雷依壁蜂做了实验，得到的结果与三叉壁蜂的一致。三叉壁蜂常常在石蜂的旧巢穴里筑巢，我便将芦苇管与这些旧巢穴放在了一起，对于喜爱热闹的三叉壁蜂来说，这似乎是件乐于接受的事情。

在宽敞的旧巢穴里，石蜂将蜂房四周都涂上了一层厚实的砂浆，只在表面为自己留出了能够出入的小孔。小孔钻好后，石蜂会在通往蜂房的路上修建一道或长或短的门厅，而内部的蜂房依然是大小固定的，其中大蜂房中住着雌蜂，小蜂房中住着雄蜂。

通过实验我还发现，壁蜂对居住巢穴的利用率非常高，甚至将它分成了不同的等级。对这些喜爱宅在家里的小家伙来说，找到一个合适的巢穴可不容易，因此一定得好好利用每一间蜂房。壁蜂也具有支配卵的性别的能力，它可以将不同性别的卵产在不同的房间里。

我为壁蜂提供了灌木石蜂的旧巢穴和被挖空的圆柱形土质球体，结果，壁蜂选择了圆柱形的土质球体，而放弃了面积狭小、无法居住的灌木石蜂旧巢。在土质球体内，雌蜂居住在圆柱体最深处的蜂房里，有时候，它们甚至修建竖起的隔板来隔开不同性别的壁蜂，雌蜂在安全的底层，而雄蜂居住在外层。在这里，小小的壁蜂已经将有限的空间利用到了极致，甚至连圆柱体的边缘部分也被它们利用起来了，而且依然遵循雌蜂居住在

在土质的球体里，壁蜂的雌蜂住在安全的底层，上面才
是雄蜂的居所，有时候两只不同性别的壁蜂居所间，还
会竖起一块坚硬的隔板。

深处，雄蜂居住在浅处的原则。为了方便记住不同性别的卵的出生顺序，
我在蜂房内做上了记号。

我发现，卵孵化时，性别并不是由出生时间所决定的，而是雄蜂和
雌蜂交替出生。这一规律无法把握，但我们能够确定的是，雌蜂占据着深
洞，雄蜂则居住在浅洞里。

像棚檐石蜂和毛脚条蜂的住所一样，巢蜂越是集中的地方越能得到
三叉壁蜂的青睐。我在一处条蜂所居住的土坡斜面上发现，中间那些弯弯
曲曲的通道里，排列着部分稍短的壁蜂茧。通道的最初部分是条蜂修建的，
后来，三叉壁蜂在这里繁衍生息，经过它们的不断修补，这里变得像迷宫
一般复杂。

通道向外的延伸也毫无规律可言，有时通向宽敞的起居室，有时又
密闭不通。即使这样，雌蜂依旧占据着最深的洞穴。雄蜂拥挤在外面狭窄
的通道中，通常有两到三只。蜂巢里会有一些土质的墙壁，把邻居们分开，

大家据守各自的领地，各有自己的居所。

如果房间只是由一条单独的管道形成，这便一定是雌蜂的居所。如果条蜂蜂房里的茧只有一个，那一定是雌蜂。

棚檐石蜂的巢里不建通道，卵组也更短，所以干脆直接在蜂房上方修筑下一个蜂房。如此一来，就修成了很高的"楼房"。这个巢穴中的卵组，同样分为雌雄两种性别，如果通道的一端就是卧室的话，那这里一定是雌性的领地。

接下来，我们再来看看短管和卵石石蜂旧巢里的情况。管道要是足够长，壁蜂会把卵分成雌雄两组，在里面产卵。可实际情况却是被分成两组的卵中，雌雄两种性别都有。这是为什么呢？原因就是，母亲并不熟悉房间的布局结构，只能根据具体情况来决定性别。

让人更惊奇的是，在面具条蜂的旧房子里，带角壁蜂和三叉壁蜂也会同时利用这些旧房子。同时，这样的房子也能供拉特雷依壁蜂居住。

面具条蜂常常在带有沙质的竖坡上筑巢，巢中经常会有数量不等的圆形管道。筑巢工作完成后，条蜂不会封闭大门，会在每个管道的开口处修一道或弯或直的门厅，并在上面涂上一层白色涂料。整个蜂房呈椭圆形，内壁四周涂着唾液状的液体，能将原本松软的沙土凝合得更加坚固，并且，里面还设有光滑的隔板。条蜂筑造的巢穴十分牢固，能使用好几年呢。

条蜂将进入管道或门厅的房间掩饰得很好，不容易被发现。春天，条蜂推倒堵在出口处的砂浆，飞向了外面的世界。而它们所留下的牢固巢穴，往往便成了带角壁蜂和三叉壁蜂的居住地，虽然对这两种昆虫来说，这个住所略显有些局促。在这个巢穴中，雌蜂依然住在最大最好的房间里。

齿黄斑蜂和好斗黄斑蜂则会将空蜗牛壳当成自己的居所，它们只在螺壳的第二圈里安家。螺壳的中间部分太狭窄了，因而不是居住的理想场所；而最外面的一圈虽然大，却没有被利用，因此无法从出口处判断螺壳中是否有蜂巢。人们要发现蜂房，只有敲碎最外面的这一圈螺壳。

当我们敲开螺壳，发现蜂房时，首先见到的便是一层由细沙和树脂做成的横隔板；接着见到的，是一层厚厚的防护堡垒，由沙石、土块、植物花序或者干枯的小贝壳等所构成；再往里又有一层隔板，里面的一间宽敞房屋内，住着一只大虫茧；大房间下用一层树脂隔板隔出了一间小房间，里面住着小虫茧。螺壳天生的形状造成了两个房间大小的不一样，就这样，利用螺壳的天然形态，蜂儿们只需要加上薄薄的隔板，就能做出各种大小不一的房间了。

雄黄斑蜂身材比雌蜂要大，因此，前面的大房间里住着雄蜂，而后面的小房间里住着雌蜂，由此我们了解到，黄斑蜂是根据居住环境来分配两种性别的。

一只黄斑蜂找到了一个空的蜗牛壳，它正在上面认真地建着自己的蜂巢呢。

　　带角壁蜂的巢穴也很值得研究，这种蜂儿在筑造巢穴时，并无规律可循，有时候，它们的巢穴制作精良，并且根据卵的性别来进行住所的分配，雌性住在大房间里，雄性住在小房间里；但有时候，房间的设计又是杂乱无章的，整个过道被一个偌大的蜂房所占据着，中间连块隔板也没有。经过观察研究我发现，带角壁蜂无法完成建造房屋这样的复杂工作，它们只能根据已有房间的大小，来为雌蜂和雄蜂分配住所。

第五章

残酷的侵略者

——卵蜂虻

昆虫档案

昆虫名：卵蜂虻

身世背景：属于双翅目昆虫，翅膀宽大，一半黑色，一半透明色，是高墙石蜂的寄生虫

生活习性：寄生在高墙石蜂的巢穴中，不仅要吃掉宿主的幼虫，还要将这个巢穴据为己有

绝　　技：进食时，不让猎物有任何的破损

武　　器：特殊的嘴巴

残酷的侵略者

卵蜂虻是一种十分有趣的昆虫，它的蛹前面有着一个复杂的犁柄，后面装着一把锐利的三齿叉，背上还有几排坚硬的铁钩，一点儿也不像是昆虫的蛹。但这也正是卵蜂虻最吸引人的地方了。

七月时，我开始观察卵蜂虻。我使劲敲击卵石的两侧，将高墙石蜂的巢震下来，然后用剪刀小心翼翼地剪开蜂巢，在里面发现两只幼虫的茧，一只身体浑圆，还好好地活着，而另一只已经有些干枯了。这无疑是一个惨剧，那具干枯的尸体是石蜂的幼虫。石蜂的幼虫在吃饱喝足后，就要开始结茧和休息了。虽然它那舒服的小窝里有着坚硬的砂浆围墙，看似牢不可破，但还是存在着安全隐患。狡猾的入侵者会在它们熟睡时来个大偷袭。一般来说，石蜂幼虫有三类天敌：三面卵蜂虻、褶翅小蜂和赤铜短尾小蜂。

我们先来看看卵蜂虻。卵蜂虻幼虫不仅将石蜂幼虫吃干抹净，还要残忍地霸占它们的窝。卵蜂虻的幼虫浑身洁白光滑，没有足也没有眼睛，当它还很小很小时，身上会长出一层牛奶一般的斑点和一层琥珀色的斑点。

卵蜂虻幼虫连头部共有 13 个体节，节与节之间有一条细细的小沟。它的头很小，头后面有一个附带少量赘肉的凸起，跟头连接很紧，不细心看还以为这也是它的头部呢，其实这是它的前胸。它的中胸要比头部粗，前端有两个灰褐色的气门开口。后胸向上凸起，有点儿粗，后面有一个规则的圆柱体。再往后就是一个高高耸立的陡峭凸起，刚好将头部的凸起嵌在了这里的底端。卵蜂虻幼虫的身体上都长着四个呼吸孔，身体的前后两端各有两个。待到发育完成，幼虫的身体可以长到 15 到 20 毫米长、5 到 6 毫米宽。

卵蜂虻的幼虫进食速度非常快，过程也跟别的蜂不太一样。它不像别的蜂宝宝那样，用心地划开猎物的肚皮后食用，也不会盯着一块区域一

直啃咬，而是咬着哪算哪。它的进食也毫无规律可言，
这里吃一口，那里吃一口，直到吃完整个幼虫。
整个进食过程中，猎物的整个身体没有一点儿破
损，所以我们判断，它的嘴里应该没有如大颚
钩那般锋利的武器。因此，卵蜂虻的幼虫进食
时是很优雅的，轻轻地吮吸食物，绝不会胡乱地
去啃咬。

　　为了更好地观察它的进食过程，我使用了显微镜。
我看见，它的头部中间有一个极小的琥珀色小点，颜色也极其浅，看上去
像是一座布满小小细纹的火山口。这座小火山在进化过程中简化掉了一切
无用的器官，没有上颚钩，也没有大颚，只有位于嘴巴深处的食管用来进食。

　　前面说到过，卵蜂虻幼虫是轻轻吮吸食物的，过程很优雅。在这个
过程中，石蜂的幼虫慢慢干枯，直到最后被吸得干干净净，只剩一张枯萎
的皮。大概半个月后，石蜂幼虫也就被吸食殆尽了。

　　在上一节中，我们讨论过一个问题，卵蜂虻究竟是如何将石蜂幼虫
吃得干干净净的？石蜂幼虫为什么一动不动，就任凭它慢慢将自己吸食
干净？

一个高墙石蜂的巢穴敞开着，向我们展示了里面
的两只幼虫茧：一只胖乎乎的，还活得好好的，
而另一只看上去就有些干枯了。

其实，狡猾的卵蜂虻是抓住了攻击猎物的最佳时机。如果它选择在石蜂幼虫吃蜜时进行攻击，石蜂幼虫就会不停地扭动尾部，挥舞大颚进行反抗，而卵蜂虻恐怕连自保都难了。所以，卵蜂虻只能趁着石蜂幼虫熟睡时进行偷袭。

卵蜂虻幼虫本身就很虚弱，它只有趁着石蜂幼虫变形，变得毫无反击能力时才敢来偷袭它。这时的石蜂虽然动弹不得，可那充满光泽的肤色还是显示着它仍然活着。石蜂幼虫一旦死去，皮肤会立马变成褐色，身体也会随之腐烂变质。

石蜂的幼虫在长达半个月的时间里，一直保持新鲜，丝毫没有腐烂变质，直到即将被卵蜂虻吃干抹净为止。在被吸食完的最后一刻，石蜂的幼虫仍然是活着的。但凡身体还有一丝残存，它们就不会死掉，这种强大的生存毅力实在叫人佩服。它没有因为身体被破坏而死去，而是因为到最后，毫无任何机制可以维持生命，这才无可奈何地死掉。

石蜂幼虫不像植物一般，有独立存在的分支，而是由一个统一的机体将每个部分有效连接起来。这些部分中的一个或几个死去，整个机体也会随之死亡。但只要身体还有残存的部分，它就要坚持维持下去。

要蜕变成成虫，幼虫还要经历很长的过程。它的神经器官和呼吸系统会努力工作，力图从空气中吸取更多养分。因此，只要这两种器官还在，

狡猾的卵蜂虻选择在石蜂幼虫睡着时对它下手，在它毫无反抗能力之时轻而易举地拿下它。

它就不会死亡。卵蜂虻吸取的只是它的体液，并没有伤害到它的这两个器官，所以幼虫直到体液被吸食殆尽的一刻才会死亡。如果我们用针去刺它，可能一下子会损伤这两种器官，导致幼虫的快速死亡。

与众不同的进食方式

卵蜂虻和土蜂一样，在进食过程中要一直保持食物的新鲜。但它只是通过吸食的方式，一点一点吸取石蜂幼虫身上的营养物质，并未对食物的任何器官造成损伤。这种方式有一个最大的好处，那就是不用固定吸食的地点，无论从哪个地方开始吸食，都不会影响到食物的新鲜。对寄生虫一族来说，这是十分重要的。否则不小心咬错地方，可能就会导致食物腐烂，自身中毒。因此一些寄生蜂类在进食时，必须要精准地咬准地方。为了让新生的幼虫准确地找到进食部位，壁蜂干脆直接将卵产在了猎物的进食部位，这样，幼虫宝宝只要张开嘴吃就可以了。这是母亲凭借卓越的本能为后代找到的捷径，幼虫只要接受母亲的安排就可以了。

可卵蜂虻甚至没有将卵产在存放猎物的蜂房中。新生的幼虫只能靠着自己的能力闯进蜂巢，独自面对庞大的猎物。它们只能随意选择进食的部分，一点点去吸食猎物。幸好，祖先没有赋予它们强大的上颚等利器，否则，它们要是胡乱地啃咬猎物，不但会破坏猎物的新鲜，也会使自己中毒身亡。

缺失的利器反而帮助它们安全活了下来。一个能吸收猎物营养物质的吸盘不仅使它们获得了生存所需的营养物质，也最大限度地保持了猎物的新鲜度。这就是卵蜂虻的进食规则，也是它与众不同的进食秘密。

褶翅小蜂、黑色短柄泥蜂、鞘翅目异类蜉象也拥有相同的奇妙进食规则。就连所有双翅目、膜翅目和鞘翅目昆虫也是这样，在进食过程中力图保持食物的新鲜，直到幼虫安全地长大。

寄生虫在进食时还需要满足一个条件，作为食物的幼虫必须要化为

新出生的卵蜂虻宝宝只有靠着自己的能力闯入蜂巢，独自面对庞大如肉球一般的石蜂幼虫。

流质的液体，才能保证吸盘能透过皮肤很好地吸食它们。作为食物的幼虫什么时候才能液化呢？那就只能是在即将变态之时了。它们要从一种模样变态成另外一种模样，必须先把自己分解成液态状，通过生命的重组来完成这一过程。它们丢掉了身体里原有的消化器官，彻底液化，再重新组合成成虫，通过流变成为更加高级的新生命。

我曾经解剖过一只处于沉睡状态的，正在变态中的石蜂。我发现，它身体里几乎全是液体，浮着的一层是油脂，还有少数尿酸。卵蜂虻可以轻松地用吸盘吸取液体状的幼虫。如果幼虫醒着，或者已经变为成虫，就不会出现这种情况了，那么卵蜂虻就很难进食了。可见，卵蜂虻还真是很会挑选时机呀。

卵蜂虻在进出蜂房上也十分灵活，它们的蛹有着强有力的大颚，能够顺利地穿过坚硬的蜂巢大门。等到长成成虫后，卵蜂虻就变得脆弱多了，一双瘦弱不堪的腿，一对硬邦邦的翅膀，短而软的嘴，风一吹就会掉落的纤细羽毛，这些都使得它难以穿越狭长而坚硬的甬道。那么，成虫是如何逃出蜂房的呢？

处于蛹状态下的卵蜂虻是最脆弱的，这一时期，它需要一个安静的环境慢慢变态生长，稍有不慎就会残疾甚至死亡。吃完一整只石蜂幼虫后，卵蜂虻的幼虫就可以停止进食，躲进虫茧中睡大觉了。来年五月，幼虫开始蜕皮，结蛹，向成虫蜕变。

进食结束后，卵蜂虻幼虫就开始睡大觉了，一直到来年的五月，
它开始蜕皮，形成覆盖着一层红色角质皮的蛹。

　　它脑袋圆圆，横亘在头胸间的节间膜呈冠状前凸，凸起的顶部长着6个尖而硬的黑点。6个黑点呈辐射状分布，越往下的黑点越短。在这6个点正中央的分界线上，还长着2个小黑点，它们一起构成了卵蜂虻的挖掘工具，而胸部生长的100个刺钩就成了它挖掘时支撑身体的支点。在这种支持力的作用下，它用头部凸起部分的尖硬物使劲凿击墙壁。它的胸部两侧各有一个圆形气门，开口朝前，当腹部活动时呈直线状，当腹部休息时呈新月状。这些奇特的身体器官组合在一起，使卵蜂虻拥有一台强有力的挖掘机，大刀阔斧地开凿着石蜂坚固的蜂房。

　　五月快要结束了，蛹开始由月初的淡褐色逐渐变成深褐色，这意味着新的变态即将开始。由于甬道是圆柱形的，差不多与此时卵蜂虻的身体一般粗细，所以卵蜂虻只能选择通过钻孔来打通甬道。它用背部的锉将身体牢牢固定住，努力将头和胸伸出巢穴外，再将身体从角质外壳中伸展出来，张开折叠的翅膀和瘦弱的脚，开始了复杂的工作。一道裂缝、两道裂缝，直到裂缝一直延续到胸部，我们才看到一只湿漉漉的卵蜂虻从蛹里挣扎着爬了出来，抖动着翅膀，最后破壳而出，向着远方飞走了，只有残破的蛹还一直停留在石蜂的巢穴旁。

第六章

不停勘探的褶翅小蜂

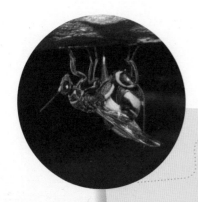

昆虫档案

昆 虫 名：褐翅小蜂

学　　名：Leucospis gigas Fabricius

身世背景：主要生活在西鄂尔多斯地区，体形比较大，多数为黄黑相间的颜色

生活习性：寄生在蜜蜂的巢穴里，寄主大多数是蜜蜂的幼虫，常常活动在伞形花科的花上

绝　　技：能不停地勘探哪里有石蜂幼虫

武　　器：强健的大颚

食　　物：宿主的幼虫或宿主的食物

 ## 奇妙的身体构造

为了更好地观察高墙石蜂，在七月的时候，我从卵石中把高墙石蜂的巢给掰了下来。石蜂的茧里住着食客和食物两类居民。我打开蜂巢，取出茧子，把它们用旧报纸包起来，放进箱子里，然后回到了家。

我从以前的研究里得知，如果食物是悲惨可怜的石蜂，那么食客就有两种：一种是身体圆乎乎的卵蜂虻，它有着奶白的皮肤、一颗向上凸起的脑袋；还有一种则是褶翅小蜂，一种膜翅目昆虫的幼虫。

褶翅小蜂很漂亮，浑身有许多黑黄相间的条纹，凹进去的肚子看上去圆鼓鼓的。它的肚子尾部藏着一把不易被发现的细长剑，可别小瞧了它，它能够刺穿蜂房的泥浆，从而使小蜂的幼虫能被放置进去。接下来，我们先来看看褶翅小蜂的幼虫在石蜂的巢穴里是怎么度日的吧。

褶翅小蜂长相俊俏，浑身有许多黑黄相间的条纹，看上去像是穿着一件色彩斑斓的花衣裳呢。

褶翅小蜂既没有腿，也没有眼睛，看上去光秃秃的，唯一的标志就是那一身黄色的外衣。它的皮肤总是油油的，背部分节处关节凸起，看上去像一道道波浪。休息的时候，褶翅小蜂的幼虫会蜷缩成一团。它的身体共分成 13 个体节，最小的是头部，要用显微镜才能看清上面的一条棕红色纹路、一个圆圆的开口和两只十分细小纤长的大颚。而壁蜂、石蜂、切叶蜂、土蜂、砂泥蜂和泥蜂的口都很大，内部的结构用肉眼就可以看清楚，特别是用来进食的大颚，看得更是清清楚楚。那么，褶翅小蜂幼虫那些看不见的身体部位，又是用来做什么的呢？

褶翅小蜂在吃石蜂的幼虫时不是一口吞食，而是像卵蜂虻一样，把它切成一块一块的碎片。它不会给食物开肠破肚，更不会用尾部的麻醉针插进食物的身体。同样，为了保持食物的新鲜，它用了与卵蜂虻一样的方法：必须在吃完最后一口时才结束对方的性命。

褶翅小蜂的嘴紧紧贴在石蜂幼虫的皮肤上，随着它慢慢地长大，石蜂幼虫的身体一点点变扁，但仍然还活着。最后，幼虫被吃得只剩下一张皮。卵蜂虻吃剩的皮囊与此类似，但它比褶翅小蜂的技艺可要高超许多。它能够把石蜂的幼虫吃得干干净净，而褶翅小蜂则常常还剩下一张褐色的脏皮囊。

褶翅小蜂吃东西时，是万万不能被打断的。我做了个实验，试着骚扰了它，发现它会停止进食，很长一段时间后才会再次开始吃东西。

褶翅小蜂和卵蜂虻的进食方式是一样的，都是在不伤及石蜂幼虫内脏的情况下，一点点地吸它，只不过所使用的工具不同而已。虽然进食的工具变了，但好处是一样的，都能让食物保持新鲜到最后。

褶翅小蜂的幼虫要等到大半个石蜂幼虫化为流体时，才会开始吃掉它。每年七八月的前十多天，褶翅小蜂幼虫的进食欲望最为强烈，它在石蜂的茧中吃掉它的幼虫，还要一直居住在这里，而与它为伴的就是石蜂幼虫剩下的那身皮囊。

褶翅小蜂的蛹没有什么特殊之处，要到来年的八月份才能孵化，但是，

褶翅小蜂从牢固的石蜂巢穴中出来的方式，却跟卵蜂虻完全不一样。因为它有强健的大颚，非常容易打通蜂房坚厚的城墙。到了追求自由的五月，忙碌的石蜂早就不知道跑哪里去了。此时，所有蜂巢的大门都锁得紧紧的，里面储存的粮食也没有了，只剩下待在琥珀色的蛹中呼呼大睡的石蜂幼虫。原来它们都躲到这里来了，虽然被褶翅小蜂侵占了一年多，但只要不是很破，石蜂的子孙还是会选择住在里面。对它们来说，如此轻松地获得一份属于自己的遗产，实在再好不过了。这些巢穴虽然旧了一点，但只要修缮一下，还是会住得很舒服的。

首先我需要观察的是褶翅小蜂的产卵情况。褶翅小蜂的腹部有一条凹陷的沟，连接着胸部，沟的尾部又裂开了一条细细的缝隙，看上去就像把这条沟分成了两段。小峰的产卵管就生长在这里。在它的背部中央处，有一条线状的咖啡色鳞片，鳞片的末端与腹部的第一节相连接，两侧则和身体两边的翅膀贴在一起。

这个长鳞片对小蜂身体下层的柔软部位起着保护作用，在产卵时，它就从后往前摇摆，再回到流线型的样子。

我小心地剪开小蜂的这层鳞片，好看清楚它整个器官的分布，最后才用细针取走产卵管。它的产卵管包括一个丝线状的产卵主体和两对比较硬实的鞘。两对鞘都凹陷形成了沟壑，而丝线状的产卵体就分布在这两个沟壑中。两对鞘虽然从背部分开，但在腹部处又连接在了一起，既能保护产卵体，又方便它从保护层里拔出来。

在放大镜下，我们观察到了产卵管的模样。产卵管比头发略粗，形状是圆的，两端是尖的，但是很粗糙，呈长长的斜棱状。它的结构很复杂，由许多连在一起的截锥所组成，底端凸显出来。它由 4 个不同长度的块状物构成，较长的两个尾端有带锯齿的凌锥，形成了一个半管道的沟。较短的两个尾端有尖锐的锯齿，也形成了一个半管道的沟。最后，四个块状物所形成的两个沟再连接成一体，合成了一个完整的管道。

输卵管里面的半条沟能够不断伸缩，进而凸出到外面的半条沟上，还会从中渗出一些特殊的蛋白质液体。就这样，即使管道里没有肌肉收缩运动，卵同样可以被运动到输卵管的尾端去。

因为小蜂的第一腹节和第二腹节之间有个大大的开口，因此第一腹节只要稍微受压便会掉下来。产卵管在穿过腹部时，在两节间的开口处露了出来，被一层薄膜所覆盖。而输卵管就位于腹部前段，这就更方便产卵了。在不产卵时，产卵管便绕着腹部盘一圈，大约有 14 毫米长。

重要的产卵工作

对于褶翅小蜂来说，产卵是一件非常重要的工作。我曾经把它的头、腿和翅膀从身体上去掉，然后在它的身体上插上一根大头针，发现它的产卵管会剧烈颤动，还能继续产卵。

在选择产卵地点时，褶翅小蜂最偏爱卵石石蜂和棚檐石蜂的巢穴。为了更好地观察褶翅小蜂重复产卵的过程，我选择了棚檐石蜂的巢穴来研究。在七月炎热的天气里，为了观察棚檐石蜂的巢有没有产卵的迹象，我坚持了 30 天。我看到一群褶翅小蜂迈着缓慢的步伐，笨拙地钻探着棚檐石蜂的蜂巢，用触角尖使劲敲打着巢穴，脑袋保持着一种倾斜的姿势，仿佛是在偷窥。蜂巢的外面有一层凹凸不平的石层，这可是棚檐石蜂巢穴必

一群褶翅小蜂倾斜着脑袋，用触角尖
使劲敲打着棚檐石蜂的巢穴，看上去
十分笨拙。

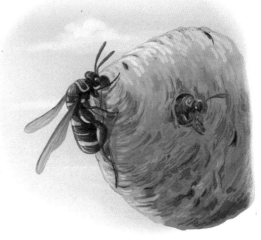

备的保护层。这个保护层让人们无法准确地判断里面的情况，但褶翅小蜂却能通过触角的指引准确判断出里面是否有酣睡的棚檐石蜂幼虫。找到目标后，褶翅小蜂就会抽出它长长的丝状体，开始劳作起来。它那插进缝隙深处的丝状体的根部都已经磨出了肿泡，但前端依然坚持着往坚硬的石灰壁中插入。为了不断深入地插入壁里，褶翅小蜂高高抬起细长的腿，努力保持着身体的平衡和稳定。我所见过的褶翅小蜂最短用了 15 分钟，便打通了石蜂的巢穴，但一般情况下，需要 3 小时才能完成这件事。对这些小小的昆虫来说，这的确不是一件容易之事。

　　整个七月，我都在仔细地进行观察和做好记录。产卵结束后，褶翅小蜂也将产卵管从蜂巢壁里抽了出来。我用铅笔在它抽出产卵管的地方做了记号，还标注了日期。等到褶翅小蜂研究工作完全结束，需要统一总结时，这些数据就能派上用场了。

褶翅小蜂将如同雷达探测器一般准确的触角插进棚檐石蜂的
蜂房中，准确地找到蜂房的空心部分。

　　观察褶翅小蜂的产卵工作暂时结束了，我便开始观察起那些之前做了记号的蜂巢。我发现，每一个产卵管抽出的地方里，都有着一个蜂房。这些蜂房都是用墙壁砌成的，彼此之间还隔着一堵实心墙。小蜂们在建造房屋时都是随意而为的，所以蜂巢间的距离有远有近。"房子"盖好后，小蜂们还会在上面浇上一层泥沙浆，让你无法分辨里面的空心与实心情况。但褶翅小蜂却能准确地找到空心的部分，使人不得不佩服它精准的判断力。我敢肯定，它那像雷达一样准确的探测器——触角，绝不是依靠嗅觉来判断巢穴的情况的。大多数时候，褶翅小蜂都无法从蜂房中俘获它想要的石蜂幼虫，找到的只有一堆残留在蜂房里的发霉食物、枯死的卵、腐烂的幼虫身体以及一些泥土渣滓。这些东西散发着令人作呕的霉味和酸味，要是褶翅小蜂的触角有嗅觉，怎么可能犯下这样的错误呢？

　　褶翅小蜂对巢穴的钻探有时会重复好几次。这表明它可能没有记忆。但这个结论有些矛盾的地方不好解释，暂且先不讨论吧。唯一能解释的就是可能不是同一只褶翅小蜂的杰作。因为每只褶翅小蜂都想找到巢穴产卵，所以也不管是否被同类先抢占了。我的确看到过同一个蜂房里有很多褶翅小蜂的卵的情况，而按道理一只石蜂幼虫只能养活一只褶翅小蜂的幼虫。

　　褶翅小蜂的产卵管是一层角质层，没有较强的感知能力，不能及时

向主人反馈所探测到的蜂房内的东西，所以才导致了它重复产卵。

在经过了一番仔细观察和耐心寻找后，我多次在石蜂的茧中发现了许多褶翅小蜂的卵，最多的一次居然有 5 个。最让我吃惊的是，一个干瘪无比、只残留着一些已经腐烂的幼虫的茧中，居然还有一个褶翅小蜂的卵。

这些情况都存在着隐患：将许多卵同时产在一个茧中，里面的石蜂幼虫是远远不够褶翅小蜂的这些卵共同享用的，它们肯定是要饿肚子。

褶翅小蜂的卵是白色的，呈长长的椭圆形，算上柄的话，整个卵约有 3 毫米长。卵的两端呈颈形或者丝状，弯曲度非常大，表面略有些凹凸不平。褶翅小蜂并没有把卵直接产在石蜂幼虫的身上，而是用弯曲的长颈把卵挂在了茧的内壁上。要做到这一点非常难，因此在卵石上把蜂巢撞击的时候，卵容易从悬挂点上震落到幼虫身旁。读到这里我们才发现，原来褶翅小蜂并没有伸到茧的外面去钻探，只是利用像钩子一样的柄把卵挂在了茧的最上面。

第七章

小剑客

——铜赤色短尾小蜂

昆虫档案

昆 虫 名：铜赤色短尾小蜂

绰　　号：小剑客

身世背景：全身为赤铜色，有一对红红的眼睛，天生不惧怕人

生活习性：寄生虫，靠吃宿主的幼虫或者食物生活；会和褶翅小蜂一起攻击石蜂

绝　　技：能把产卵管一直伸到猎物的腹腔中

武　　器：产卵管

 **钻探者**

当人们读起铜赤色短尾小蜂这个名字时，还以为这是一种很奇特的昆虫呢。其实它再普通不过了。实际上，它的个头比库蚊还要小，十分不起眼。给这样的动物起一个这样的名字，难免会误导很多人。

许多专家都喜欢给自己研究的东西起一个响亮的名字。一般来说，给动物取名的科学家都是学识渊博的人，因为专业的关系，他们在取名时喜欢故意弄得深沉一些。这也是我一直都诟病的地方。我在描述动物时，会尽量避开那些生僻的专业词语，尽量描述得通俗易懂。

这种叫铜赤色短尾小蜂的小虫子其实是很柔弱的，就像我们在阳光下经常看到的小飞虫那样。它的身体是铜赤色的，一对红红的眼睛朝外鼓着；产卵管上的鞘翅像一把宝剑一样，威武地挂在身上。它的鞘翅就斜斜地竖立在小腹尾端，不像褶翅小蜂那样，深藏在腹部的沟渠中。这种小虫子的产卵管前半部分就位于鞘翅中，而后半部分则一直延伸到了腹腔内。也就是说，它同褶翅小蜂的产卵管是不一样的，它的后半部分竖立了起来。

这种小虫子经常去骚扰石蜂，有时候，它会伙同褶翅小蜂一块儿去侵犯石蜂的地盘。它们攻占石蜂巢穴的方法是一样的，都是先用触角一点点占领蜂巢，最后再奋力将短剑插进石灰壳里。只不过铜赤色短尾小蜂比褶翅小蜂要认真得多，也更加不怕困难。即使有人过来看，它也无动于衷地继续干自己的事儿，而不是像褶翅小蜂那样，一会儿就吓得溜掉了。

当我拿起一个石蜂蜂巢进行观察时，铜赤色短尾小蜂依然干着自己的活，似乎没有察觉我的存在。也正是因为如此，我才能够放心地拿起放大镜，对它进行仔细观察。

一只铜赤色短尾小蜂在石蜂蜂巢中专心干着活儿，对
周围的一切毫不关心。

　　我把石蜂的蜂巢剖开，发现里面的大部分蜂房都被一种叫挤蜂的寄生虫茧占据了。我好奇地剖开蜂房的一半，发现这种小虫子似乎很满意石蜂巢穴的环境，从一个蜂房钻到另一个蜂房，直到找到自己认为合适的虫茧，再优雅地将产卵管深深插进茧里。对于它的这种行为，我一直不能理解。在科学上，观察是必不可少的，但有时能不能得到结果，还是需要一点运气的。小虫子正认真勘探的，并不是石蜂巢穴那坚硬的外壳，而是它柔软的丝质虫卵。这些勤劳的小虫子和它的伙伴们都是第一次遇到这种情况，但这一点儿也没影响它们的工作。这些看不见也尝不出味道的小虫子，到底是怎么做到这一切的呢？我想，或许它们有一种特殊的感觉器官，能帮助它们透过层层保护，找到自己渴望的猎物。

　　的确，这种小虫子的触角里生长着一种功能奇特的器官，能够探测到许多无法被看见、听见和闻见的东西。在寻找虫茧时，它的触角能分成垂直的两截，再用顶部来探测是否有虫茧。找到合适的场所后，小虫伸直双腿，为自己留下足够的活动空间，再努力将载着产卵管的腹部尾端伸到前面来，以方便自己的卵能够产在最舒服的位置。

　　有时，它会将整个产卵管紧紧贴在虫茧上，用"宝剑"尖尖的顶部来探测和摸索，以便在找到合适场所的第一时间内，将宝剑刺进去。我仔细地观察过，这个过程说起来容易，但真正实施起来，却非常艰难。我曾经见到过它们来回尝试了不下 20 次，依然无法攻破蟒蜂那坚硬的外壳。如果真的无法攻破的话，这些小虫子也不会固执地坚持蛮干，而是收回"宝剑"，再一次用触角重复探测，直到找到合适的虫茧为止。

　　一群铜赤色短尾小蜂在花丛中飞来飞去，并不十分起眼，它们只是一种再普通不过的昆虫，只是因为全身是铜赤色的而得名。

小虫的卵很短，只有约 3 毫米长，形状像个纺锤，颜色亮而白。它的卵不像褶翅小蜂的那样，长着弯曲的肉柄，高高悬挂在虫茧顶部，而是胡乱绕着食物堆放着。它和褶翅小蜂还有一点明显的不同，这种小虫每次都能产出大量的卵，而褶翅小蜂每一次只能产一个卵。褶翅小蜂所待的茧中拥有的食物，只够喂养一个小生命，因此它们不得不产下唯一的卵。但一只石蜂幼虫足以养活二十几个小虫的子女，它们可以快乐地生活在一起，共同享用这充足的美食，过着热闹的大家庭生活。不过，这些美食也就只够一个家庭食用而已。

为了弄清楚一个家庭到底最多有多少成员，它们是否会根据食物的储备量来计算要产多少卵，我进行了计算和验证。

我在一个面具条蜂的蜂房中发现过 45 只幼虫。虽然这听起来有些不可思议，但确实是真事儿。或许是两只小虫在互相不知情的条件下，碰巧都在这里产下了后代吧。

在高墙石蜂的蜂房中，我发现的幼虫数量在 4 到 26 个之间；在檐石蜂的蜂房里，我发现的数量在 5 到 36 个之间，而在三叉壁蜂的蜂房里，我见过的幼虫数量在 7 到 25 个之间；而蓝壁蜂的蜂房里，数量为 5 个或者 6 个；在蟑蜂的蜂房里，数量在 4 个到 12 个之间。

上面这些数字可以给我们一个暗示：小虫的产卵数量是与食物的多少成正比的。条蜂幼虫身体肥胖，小虫在此产下的卵就多一些，有时会多到 50 个。而挤蜂和蓝壁蜂身材瘦小，小虫在此产下的数量就少很多，只有五六个。

那么，它们又是如何判断出蜂房里的食物数量的呢？毕竟从外面进行勘探的小虫是完全看不见内部事物的，并且每座蜂房的形状也不一样，没法通过外观来进行判断。或许它们有自己的窍门吧，我猜想它们可能是通过蜂房的大小来安排产卵数量的。

最后，母亲便顺其自然地产卵，有多少个卵都通通产下来，并不太考虑食物的问题。食物充足，大家就都吃得饱饱的，长得高高大大的；食

一只雌条蜂正在采蜜，它要为即将出生
的宝宝准备食物，尽量让幼虫一出生就
不用再为食物发愁。

物不够，大家就省着点儿吃，只要不饿死就行，长得瘦小一些也没关系。
我的观察也证实了这一猜想，在一些居住密度大的蜂房里，虫子的身材要
比居住密度小的蜂房中的瘦小许多。

　　幼虫身体洁白，身子分成了许多节，表面长着一层细细的绒毛，要用
放大镜才看得出。它那圆形的头部十分细小，要在显微镜下才能看出上面
还长着两个红褐色的突起。这种幼虫没有牙齿，两个突起取代了牙齿的作用。
嘴也没法直接嚼碎食物，只能借助皮肤来消化掉食物。我想起卵蜂和褶翅
小蜂的情况来，它们对待猎物也并不是直接杀死，而是一步步将它除掉。

　　前面我们已经说到过卵蜂进食的情景：一群饥饿难耐的幼虫趴在猎
物那肥硕身躯的两旁，使劲吮吸着，直到把猎物吸干，变成一张新鲜的皮
囊。我们发现，即使临死前，这些猎物依然保持着新鲜，身上也没有十分
明显的伤痕。如果进食被打断，这些小虫会立马停止进食，直到不再受到
打扰，才会重新开始进食。

　　一年多后，当小虫已经慢慢成长为成虫，它们便要破茧而出了。那么，
这些群居的小虫子是靠团队合作来打破厚厚的茧呢，还是自顾自地去冒险
和硬闯？我们接着观察吧。

通过观察我们发现，这群瘦弱的小虫子并没有争前恐后地单独去挖掘，而是非常有秩序地进行着挖掘工作。它们深知，要走出蜂房，必须要挖开那道关得严严实实的大门。

起初，一只虫子尝试着单独挖掘，它用自己尖细的上颚使劲挖掘着，希望挖出一条道路。可通道实在太过狭窄，它无法转身，也无处可藏，只能一点点把挖出来的泥土送到身后宽一些的地方去。这可不是一件容易的事儿呀，尤其是对这些身材瘦小的虫子。因此，它们的挖掘进度极其缓慢，一个小小通道就得耗时好几个小时。

这只"挖掘工"干累了，干不动了，便自动回到同伴中，再由另一个伙伴继续挖掘。它们就是这样，轮流着挖掘，不让整个工作有一分钟的懈怠。当一只小虫挖掘时，其他同伴就在旁边陪着它，等着它。它们齐心协力，不停地挖掘着，深信一定能打开坚固的大门。

那些等在一旁的伙伴们也不会闲着，它们有的是事儿来打发这无聊的时间，有的吃吃东西，有的跳跳舞，还有的则谈谈恋爱，生活可谓是丰富多彩极了。

最后，这些瘦小的虫子真的靠着团队的力量，打开了蜂房里那道厚厚的大门，成功获得了自由。

条蜂们正在轮流挖掘着蜂房，它们井然有序地工作着，深信一定能完成这项艰巨的任务。

第八章

奇异的蜂类

——步甲蜂

昆虫档案

昆虫名：步甲蜂

身世背景：一种身手敏捷的小昆虫，以直翅目昆虫为食

生活习性：具有流浪的习性，洞穴分布在各个地方；捕获猎物后，它会牢牢抓住猎物的触角，让猎物的头朝着洞口，然后再慢慢将它拖进去

喜　　好：喜欢吃蝗虫、螳螂等直翅目昆虫

武　　器：产卵管

步甲蜂的食物

　　我对步甲蜂的兴趣源于它的名字。它的名字极具学问，最初的意思为"快速、敏捷"。但在昆虫世界中，速度快，行动敏捷的昆虫比比皆是，并非步甲蜂独特之处。我想，如果由我来命名，我是绝对不会用这样一个说明不了它的特性的名字的。

　　在我生活的地方，至少有 5 种以直翅目昆虫为食的步甲蜂。步甲蜂总是把自己的洞口弄得很干净，在拖猎物回家时，是抓住猎物的触角，倒退着把猎物拉进去后藏好。它和飞蝗泥蜂胃口相似，猎物常常是一种蝗虫的幼虫。随后，步甲蜂会将卵产在已麻醉的猎物胸部。它在每个蜂房只有一只猎物。做完这一切后就开始把洞口封起来。所有的工作结束后，步甲蜂也不会再光顾这里了。因为它的洞穴分布在各处，它还要赶到别的洞里去做同样的工作。

瞧，一只步甲蜂正牢牢抓着猎物蝗虫的触角，倒退
着将猎物往自己的洞穴中拉。

我曾在路上看到过一个储存着粮食的步甲蜂蜂房，没几天，就发现它的茧已经做好了。从外观来看，步甲蜂的茧非常坚硬，数不清的丝线牢牢缠绕在深厚的泥石层中。可见，它们还是在沙石上打马赛克的能手呢。

下面，我们先来看看一种黑色的小型步甲蜂——蚋猴步甲蜂吧。蚋猴步甲蜂腹节边缘镶着几道细绒银色饰带，它们是群居生物，喜欢聚集在沙土柔软的峭壁处。八九月份是它们最为忙碌的季节，人们很容易发现一个接一个的巢穴。在离我家不远的一个采沙场里，我轻松地找到了一大捧蚋猴步甲蜂的蛹房。透过这些蛹房，我们能看到许多细小的蝗虫，那是它们贮藏下的食物。通常一只蛹房中藏有 2 到 4 只小蝗虫。

再来看看另一种步甲蜂——弑螳螂步甲蜂。我认为，这种蜂只生活在塞里昂茂密森林的细沙堆里。它以螳螂的若虫为食，每个蜂房里都储存着 3 到 16 只若虫。

接下来，我们来说说黑色步甲蜂吧。我曾见过它们捕捉蟋蟀，但看上去似乎并没有用心，我也不知道这到底是怎么一回事。唯一能确认的便是，蟋蟀是它们喂养幼虫的食物。它们一般把住所建在向阳的山坡上，是以成虫的形态过冬。如果一二月份天气晴朗，温度也合适，它们便会从洞里爬出来，到斜坡表面晒晒太阳。当天气转阴，气温下降时，它们会马上躲回洞中。

弃绝步甲蜂算是步甲蜂家族里的身材高大者，它们是一种十分罕见的蜂，肚子上也有着一条红色的带状物。我见到它们的次数并不多。这种蜂不喜欢集体行动，总是独自游荡。它们习惯在地下捕捉猎物，经常出没的区域离地下入口处约有一米远，因此需要花几分钟时间才能到来。可见，它们是很强壮的地下挖掘工。但这也和它们的精明有关系，因为这些地下通道都是其他昆虫曾经走过的。

弃绝步甲蜂在地下行走的时间很短，它所找寻的猎物是蝼蛄的若虫，在数量和质量上都有要求。这一点和蚋猴步甲蜂、黑色步甲蜂、弑螳螂步甲蜂一样，它们都为自己的孩子挑选容易啃咬的食物。

奇异的蜂类——步甲蜂

步甲蜂的食物很丰富。如弑螳螂步甲蜂会把它附近所有的螳螂尽收囊中。步甲蜂房中储存最多的食物是修女螳螂，其次是灰螳螂。甚至在灌木丛中十分少见的椎头螳螂也能在步甲蜂的储藏室里找到。这三种猎物螳螂幼虫都是翅膀刚刚长成的雏虫，但身材差别很大，有长有短。

修女螳螂和灰螳螂在体态和体色上完全不一样，但这丝毫不影响步甲蜂对它们的兴趣。步甲蜂不在乎它们长什么样，好吃就足够了。

步甲蜂是一种身手敏捷的小昆虫，十分擅长捕捉蝗虫、螳螂等直翅目昆虫，也十分喜欢吃这类昆虫。

一只弑螳螂步甲蜂停在半空中，眼睛盯着立在绿叶上的螳螂，准备寻找时机，迅速发起进攻。

而椎头螳螂是一个模样可怕的"小恶魔"，它肚子平坦，周围有一圈齿形的纹饰，锥形的头上有两个锋利的小角，小而尖的脸看上去十分狰狞。它的腿关节上有层叠的附属器官，强壮有力，一看就不好对付。但步甲蜂并不怕它，一碰到它便快速发起攻击，死死抓住它的脖子，将尾部的尖针插进它体内，成功地俘获它，扛回家让孩子们美美地吃上一顿。

那么，步甲蜂是怎样辨别出椎头螳螂和修女螳螂、灰螳螂是同种呢？对于这个疑问，我给不出来有价值性的答案。

七月时，我在住所附近的细沙丘里细细观察了步甲蜂。这时，它们正热火朝天地忙碌着，有的正不停挖着细沙，有的正从远处来回奔波。我发现了一些发育成熟的幼虫，还发现了一些新虫茧。巢穴一个挨着一个，

看上去像个热闹的小城镇，占地面积虽然不大，可居民数量着实不少。装甲车步甲蜂专吃蝗虫，习惯独处；弑螳螂步甲蜂虽然过着群居生活，但工作时却是分头行动。

步甲蜂似乎并不怕热。早晨 10 点多钟时，天气炎热难耐，可步甲蜂依然在狩猎场里忙碌着，无数次来回于洞穴和各种植物之间。为了顺利将猎物储存好，步甲蜂总是用力提着猎物的前部，以方便在将猎物拖入狭窄的洞穴时，不受它不能折叠或者弯曲的腿的阻碍。直到到达家门口，步甲蜂才会降落，迅速将猎物拖进洞穴，中间不受任何事物的打扰。只有遇到向它示爱的雄蜂时，它才会被迫停下忙碌的脚步。不过多数时候，它并不搭理这些异性，取而代之的是冰冷的呵斥，宣示着工作时间的神圣不可侵犯。碰壁了的雄蜂只好悻悻地飞走，继续等待合适的机会，而雌蜂则马上投入紧张的工作中，没有丝毫怠慢。

步甲蜂正与一株植物纠缠在一起，它的猎物不小心被这种黏性很强的植物给粘住了，它要想法子夺回猎物。

一种来自葡萄牙的蝇子草属植物有时成了雌蜂的麻烦。这种植物的枝干上有一种淡褐色的黏胶，黏性非常强，会牢牢粘住不慎碰到它的任何事物。许多昆虫不小心被它粘住后，都成了它的美食。

步甲蜂在提着猎物回洞穴的途中，因为要把猎物拖进洞穴，只能降低飞行高度，于是很容易被这种黏性强的植物给粘住。即使是猎物被粘住了，步甲蜂也不会轻易放弃，努力想将猎物再夺回来，尽管成功的希望十分渺茫。我见过一只步甲蜂为了夺回猎物，与植物斗争了将近半小时，最后不得不失败而归。

我发现，步甲蜂在与植物纠缠的过程中，依然死死抓着猎物的颈部，而不是抓着猎物被植物黏着的部位，这就导致它很难成功夺回猎物。假若它能改变策略，从猎物被粘住的部分开始拉扯，或许很快就能将猎物拽出来。这是个多么简单的力学问题呀，可昆虫毕竟只是昆虫，它们不会懂得这样简单的技巧，这可与它那精湛的解剖技巧所表现的智商不太一样啊。

强者的对峙

步甲蜂在猎捕修女螳螂的过程中，主要还是采用了麻醉的方法。通过修女螳螂的外部结构，我们能清楚地看到它的神经中心位置。而步甲蜂要准确地刺中这个地方，才能一下子麻醉修女螳螂，进而在进食过程中保持食物的新鲜。修女螳螂纤细修长的前胸将它的前后腿分隔开来，前面有一块独立的神经块，后面则有两块紧挨着的神经块。也就是说，修女螳螂的胸部有三块神经块，前面一块控制着前腿，后面两块分别控制着对应的后腿。前面的那块神经虽然不大，但十分重要，它控制着修女螳螂的两只强有力的锯齿状前臂，这可是它们最有力的防御工具了。与此相比，修女螳螂腹部的神经就显得不那么重要了，它只是简单地控制着腹部的收缩运动，构不成任何实质威胁，因此步甲蜂并不会对它进行麻醉。

　　从体形上看，猎手步甲蜂纤细弱小，而猎物螳螂则高大健壮，要收服猎物，猎手必须在第一时间将它拿下。螳螂那双可怕的锋利前臂只要能擒住步甲蜂，就能立马将它粉身碎骨。它末端那尖锐的钩子，一旦钩住步甲蜂，就能立马让它肠穿肚烂。所以，步甲蜂必须十分小心这两件可怕的武器。它选择将第一针刺向强有力的锯齿状前臂，这一行动只许成功，不许失败，否则就将性命不保。螳螂的两条后腿没有什么攻击力，但出于保护后代安全的考虑，步甲蜂依然会麻醉它们。被麻醉后的螳螂失去了攻击力，只能任由步甲蜂处置了。接下来，步甲蜂爬上它的身体，在第一针往下约1厘米的地方再下两针，分别刺中这里的两个神经点。为了验证这一过程，我决定再做一个实验。

　　我在一个洞口发现了一只步甲蜂，此时，它正捕猎归来，将猎物放在一旁休息。趁此机会，我用一只没被麻醉的螳螂替换了它的猎物。步甲蜂很快就发现了，立马飞起来，在螳螂身后快速地摆动身子，发出嗡嗡的声音。螳螂也不甘示弱，恶狠狠地撑着四条腿，不停张合着锋利的长齿，仿佛在向步甲蜂示威呢。

一只步甲蜂正在沙地上认真建造着自己的房子，这座快要竣工的房子看起来很是不错。

步甲蜂不断摆动着身子，时刻提防着不被螳螂给抓住。突然，它直接扑向了螳螂的背，用强有力的大颚紧紧抓住它的颈部，腿则禁锢住它的胸，飞快地朝它的前腿刺了一针。此时，螳螂那恐怖的长齿无力地垂了下来。步甲蜂抓住时间，不急不慢地在往下约一厘米远的螳螂背部又刺了两下，麻醉了它的两条后腿。此时，猎物已经一动不动地躺在地上了。步甲蜂淡定地舔了舔触角，擦了擦翅膀，抓住新拿下的猎物，悠悠朝着洞穴飞去。

后来，我又用小蚱蜢替换了它的猎物，还特意剪去了它的后腿，避免它乱蹦乱跳。可步甲蜂对它毫不感兴趣，只逗留了一小会儿便离开了，什么也没做。奇怪，为什么步甲蜂连强大的螳螂都不怕，却对这些弱小的蚱蜢毫无兴趣呢？我曾亲眼见到过步甲蜂的幼虫吃小蚱蜢的情景，这说明这些昆虫确实是它的猎捕目标，那它为什么要放弃呢？其实呀，真正的原因是步甲蜂是不知道如何下手去麻醉它们呢。

术业有专攻，这些昆虫只知道用螯针去刺猎物固定的部位，要是换一种猎物，条件改变一些，它们就不知道如何下手了，这些精湛的麻醉技艺也就再派不上用场了，这也是我们在前面许多章节中所提到的一样，是受昆虫的本能所制约的。

并且，不同昆虫的幼虫在织茧方面所用的方法也大不一样。步甲蜂的幼虫筑巢时使用的方法和泥蜂完全不一样，但它所建造出的巢穴跟泥蜂的却大同小异，都十分杰出。它们使用了相同的建筑材料：沙子和丝，也都是在沙地上来开始建造的。但步甲蜂的建筑方法更为大胆一些，它直接用悬带来建造墙壁，省下了丝墙这一环节。

另外，虽然各种昆虫的食物不同，但这也并不影响它们的本领。因此，我们最后得出了一个结论，生活环境、建筑材料和食物种类这些昆虫生存所必要的条件，都不会影响幼虫的劳作，即使是在同样的条件下食用同样的食物，不同种类的昆虫幼虫依然会用不同的方式工作、生活。这些条件无法决定它们的本能，只能听从本能的安排。

第九章

芫菁

昆虫档案

昆 虫 名：芫菁

英 文 名：blister beetle

身世背景：鞘翅目芫菁科甲虫，约有2500种，会分泌一种叫斑蝥素的刺激性物质

生活习性：多数生活在中海拔以下，山区林缘植物叶面极为普遍的地方，常常啃食蕨类植物

喜　　好：芫菁既是一种害虫，也是一种益虫，幼虫喜欢吃蝗虫，但成虫会危害作物

食　　物：以食蜜昆虫储存的蜜为食

 ## 芫青的拟蛹

　　从前，我认为法国所有芫青科寄生虫都以食蜜类昆虫储存的蜜为食，一次偶然的机会，我得到一只拟蛹，它推翻了我的这一观点。

　　1883 年 7 月 16 日，当我和儿子埃米尔在沙土里搜寻掘地虫的虫卵时，他给了我一个意外的惊喜——一只芫菁科的拟蛹。这是一个价值无限的发现，或许这将填补昆虫档案史上的一片空白。更加令人吃惊的是，埃米尔是在一处步甲蜂的巢穴中发现它的。除了这只芫菁科的拟蛹，我们还发现了很多其他的拟蛹，以及大量正在进食螳螂的幼虫。前面我们提到过，螳螂正是步甲蜂最喜爱的食物。

　　我不敢断定，拟蛹就是这些幼虫的杰作。细心观察后我发现，这个拟蛹早已失去了生命力，它僵硬蜡黄，毫无光泽，在头部蜷缩成一团弯钩状的物体。它的皮肤上布满了一些微微泛着光的小点，算上脑袋共有 13 节，腹部平坦，中间有一道钝棱，将背腹分隔开来。它全身有 3 个胸节，每一节上都长着一对红褐色的突起，这些突起在日后便会发育成腿。

埃米尔在沙地里发现了一只步甲蜂的巢穴，里面有许许多多的拟蛹，其中就有一只拟蛹是属于芫菁的。

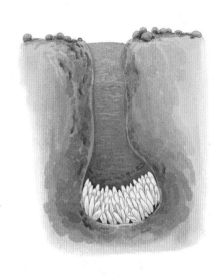

　　我发现，这只拟蛹有九对气门，除了最后一个腹节没有外，其他每个腹节上都有一对，最大的一对长在胸腔的第二节上，最小的一对长在第八腹节上。要说它还有什么特别之处，那就是头部有 8 个突起的小节了。

　　总的来看，它与西芫菁、短翅芫菁和带芫菁拟蛹很相似，特征也差不多，所以我判定它属于芫菁科。

芫菁大多生活在中海拔以下的地区，喜欢待在山区宽阔的植物叶面上，最爱吃甜甜的蜜了。

第九章
芫　菁

　　我看见幼虫在洞里大口吃着螳螂，它们光秃秃的，白白软软，连眼睛都没有，身体弯曲幅度巨大。它们用自己那 6 只柔软的短腿抱着食物，将食物固定在大颚下面，津津有味地吃了起来。在精细的流沙土上，幼虫很难流畅地行走，只能把身体弯曲成新月状，借助大颚的力量侧着身子缓慢移动，看上去就像匍匐前行一般。如果身旁有依靠物，它们还是能够走很远的。

　　我做了一个实验，将几只幼虫分别放在用纸板隔开的小盒子里，在每个小盒子里都放了一些螳螂，铺了一层精细的软沙土。我的本意是想观察它们是如何单独进食的，可谁曾想，这些小家伙吃完了自己房间里的食物后，居然还要跑到别人的房间去抢吃的。从这点上看，这些幼虫可不像西芫菁和短翅芫菁那般老实呀。

　　我趴在步甲蜂的洞口，细心地观察着它们在这里飞来飞去，大口大口吃着美味的螳螂。

　　由此我大致推断出了步甲蜂蜂房中的情景：幼虫不会乖乖待在一间房里，它们会不停吃东西，直到动弹不得为止，期间还会去别人的房间串门，找东西吃。在抢夺食物方面，健壮的幼虫肯定要比瘦弱些的更占优势，所以那些瘦弱的幼虫便会经常饿肚子。这就能解释为什么幼虫或者拟蛹会相差这么大了。幼虫能够获得多少食物决定了它能否发育良好。

　　虽然幼虫在活动期间会经历几次蜕皮变形，但它的外貌并没多大改变，只是简单地蜕掉一层外壳，这与彻底改变形态的高级变态是完全不同的。

　　经过十几天精心饲养和观察，我几乎可以肯定，拟蛹就是这些幼虫的杰作。它们是这样形成拟蛹的：先将身体缩成弯月状，随后皮肤开始破裂，头部和胸部的皮肤分别向着横向和纵向裂开。当皱巴巴的外壳渐渐蜕掉后，光秃秃的拟蛹就露出来了。刚开始，拟蛹跟幼虫一样，白乎乎的，但很快就会变成红褐色，末端的颜色甚至会更深一些。

一只芜菁宝宝正在吃着属于自己的螳螂，另一只从别处跑来的芜菁宝宝也想来抢夺这诱人的食物。

观察完这整个过程，我的疑惑已经完全解开，这下我可以确定，它就是一种芫菁，并且，是一种不吃蜂蜜的奇特芫菁。据我所知，芫菁科寄生虫也并非全都以蜂蜜为食，美国还有吃蝗虫卵的芫菁呢。但人们至今还没有搞清楚肉食性芫菁的寄生原理，这里面到底蕴含着什么秘密呢？

第二年六月，我饲养的拟蛹诞生了幼虫。在放大镜下，我们可以粗略地看见，这些幼虫有着与二龄幼虫相同的特征：强有力的大颚、软绵绵的足和与象虫幼虫相似的面孔。虽然不如第一种状态时那么灵活，但它好歹还能自由活动。在经过拟蛹阶段后，幼虫又回到了从前的状态。短翅芫菁和西芫菁就是这样的。

兜兜转转一圈后，又回到了从前的状态，那拟蛹阶段的意义何在？我认为，拟蛹是一种具备更高机能的卵，在这个基础上，昆虫开始经历幼虫到蛹，再到成虫的成长过程。

三龄幼虫这一阶段只维持了半个月，幼虫就开始蜕皮了。蜕皮从背部开始，裂开后形成蛹，最后变成鞘翅目昆虫。通过观察这些昆虫的触角，我们能够知道它们的类型和种类。

我对芫菁的习性了解不多，虽然曾经见过谢氏蜡角芫菁和十二点斑芫菁，但我从来没见过斑芫菁。我得到的那几只蛹都有很特别的触角，上面长着一些不规则的毛须，由此可以判定它们是雄性蜡角芫菁。

我至今还没弄明白阿拉蒙芫菁的进食习性，这让我颇为懊恼。我一直以为，这些吃修女螳螂的幼虫就是谢氏蜡角芫菁，它们是跗猴步甲蜂的寄生虫，喜欢在沙土堆里挖掘小蝗虫。

一般情况下，幼虫必须靠自己找到步甲蜂存储的螳螂，吃完以后再去别的蜂房中继续寻找。运气好的话，它们能够饱吃一顿，运气不好的时候，就只能饿肚子了。这就导致了它们体形上的巨大差异。这也是寄生虫最重要的特征之一。一般昆虫的幼虫都是由母亲来喂养的，不会出现吃不饱的情况，所以体形差异并不大，即便是有，也是性别不同所造成的。西芫菁生长在条蜂蜂巢的通道口，趁着条蜂不注意钻进它们的皮毛中，以此

混进蜂房，靠着自己的狡猾灵敏获取食物。蜡角芫菁的日子就没这么好过了，它们四处漂泊，过着饱一顿、饿一顿的颠簸生活。

我还观察到了这种吃螳螂的芫菁的产卵过程。我在一个大的金属罩上精心铺上了一层腐殖土，好让它们能找到食物，可这些小家伙完全不领情，它们才没心情理我呢，正忙着一边进食，一边谈情说爱，同时还不忘要一边挖土打洞。在这个过程中，它们漫不经心地将卵产下来，这便是它们产卵的整个过程。

整个产卵过程中，唯一能激发这些小家伙兴趣的，就是异性的求爱了。昆虫也有爱情，它们也渴望被爱，这些甚至可以写成一部有趣的书。我很想专门写一本这样的书，为此还做了许多准备工作，搜集了不少资料，其中有这样一段有关西班牙芫菁的记录。

昆虫的爱情

香甜的嫩叶上，一只漂亮的雌性西班牙芫菁正安静地吃着东西。一只充满爱意的雄性芫菁正从后面悄悄接近它，看起来，它注意这只雌芫菁很久了。突然间，它快速跳到雌芫菁的背上，用两对后腿紧紧抱住雌芫菁。接着，它尽力伸直腹部，用自己的腹部疯狂地抽打雌芫菁的腹部。几分钟后，它的触角和前腿也开始抽打起雌芫菁的颈部来，想要挑起雌芫菁的兴趣。在雄芫菁热情似火的挑逗下，雌芫菁也动情了。它看上去略显被动，有些不适应，头和胸被晃得有些晕乎乎的，它试图藏起头，蜷缩腹部，想要避开雄芫菁疯狂的求爱。这时候，双方都稍微平静了些，雄芫菁调整了下姿势，将触角和肚子挺成一条直线，刚才剧烈颤动的前腿也停下来，摆成了十字形，只有头部和胸部还在不停颤动。在这期间，雌芫菁依然在吃东西，一刻也没有停止。

歇息了一小会儿后，雄芫菁又发起了猛烈的求爱。尽管雌芫菁一直在闪

躲，但抵不过热情似火的雄性，任由它将自己拖到身边，被迫抬起了头。雄芫菁用腹部、触角和头部等器官不停拍打着雌芫菁，撩拨得雌芫菁也动了情。

可雌芫菁还没有完全坠入爱河，雄芫菁在稍作歇息后，再次掀起了求爱的狂风。它不断拍打着雌芫菁，直到雌芫菁最终被打动为止。两只情投意合的芫菁很快开始交尾，整个过程持续将近 20 分钟。交尾结束后，两只昆虫各自分开，雄芫菁在休息，而雌芫菁则在一旁找些香甜的叶子，喂给自己的爱人吃。

蜡角芫菁的求爱方式跟西班牙芫菁差不多。在昆虫的世界中，雄性总是保持着优雅的绅士风度，兼有一些特别的求爱技巧。求爱失败的雄性不会马上离开，它们会目睹自己爱恋的对象与情敌交配。粗鲁的带芫菁个性率直，它们不会温柔调情，只用触角快速震动几下，就表示求爱了，接着爱人们就拥抱在一起交尾了，持续时间大约为 1 小时。

斑芫菁的求爱方式也很简单，可惜我始终没有观察到一次斑芫菁的求爱过程。两种斑芫菁的产卵期都在八月，一次差不多产 40 个卵。大约

一只满怀爱意的雄性芫菁来到漂亮的雌性
芫菁身边，用两对后腿紧紧抱着它，向它
发出了疯狂的求爱信号。

一个多月后，幼虫从卵里孵化出来，变成活泼好动的小包包。这些小家伙体格健壮，十分好动，虽然我精细地喂养它们，但仍然留不住它们那颗向往外部世界的心。

昆虫妈妈一般会将卵产在自己常去的地方。九月时，这些刚刚孵化出生的幼虫宝宝就想去闯荡世界了，我所饲养的那些幼虫也是这样的。它们四处寻找储存食物的洞穴，用自己尚未发育完全的幼小身躯去完成艰难的挖掘任务。这时，它们那强有力的大颚可帮上大忙了。

在找到存储食物的洞穴，并顺利进入其中后，它们会遇到膜翅目昆虫的卵或者小幼虫。这些毫无反抗力的小虫成了它们的猎捕对象，它们用大颚上锋利的钩子制伏了这些小虫子，美美地吃上了一顿。

它们留在这不受打扰的洞穴中，舒舒服服地享用刚刚猎捕的小虫子，别提有多高兴了。不久，它们就会因为贪吃而变成一个大胖子。虽然上面的情景只是我的猜想，但我相信即使亲眼观察，我也能看到相同的景象，因为这些猜想是建立在事实基础之上的。

雌芫菁习惯把卵产在经常去的地方，可能这些熟悉的地方会让它更有安全感。

第十章

泥蜂

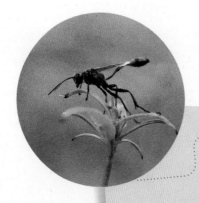

昆虫档案

昆 虫 名：泥蜂

身世背景：分布在世界各地，种类最多的是节腹泥蜂，法国的大江南北都分布

生活习性：大多在土中筑巢，大多数泥蜂习惯独居，少数泥蜂群居生活

喜　　好：幼虫以新鲜的双翅目昆虫为食

绝　　技：攻击力极强，能一击致命地杀死猎物

武　　器：螯针

 如何选择吃什么

每种昆虫都有自己爱吃的食物，两者之间也存在着一一对应的关系。捕猎性的膜翅目昆虫和黑胡蜂的口味近似，它们都爱吃黄昏凤蝶的幼虫。泥蜂偏爱双翅目昆虫，土蜂喜食金龟子幼虫，飞蝗泥蜂和步甲蜂喜欢吃直翅目昆虫，大部分节腹泥蜂都以全象虫为食。大头泥蜂和孔夜蛾爱吃膜翅目昆虫，而蛛蜂的最爱则是蜘蛛。重口味的铁色泥蜂爱吃臭虫，大唇泥蜂对螳螂百吃不厌。可以说，昆虫的口味都是千差万别的。

多数情况下，我们能根据昆虫的食性判断它的种类。我挖掘过许许多多大头泥蜂的巢穴，发现蜂巢内的食物无一例外都是蜜蜂。如果我们在昆虫的巢穴中发现了雌距螽，基本就可以确定它应该是朗格多克飞蝗泥蜂的家；而在遍布着花金龟幼虫尸体的蜂窝里，我们能确定它的主人一定是土蜂。

朗格多克飞蝗泥蜂喜欢吃雌距螽。瞧，一只朗格多克飞蝗泥蜂正将身下的猎物费力地往洞穴中拖。

　　有些昆虫的情况较为复杂，它们的食物不仅有一种，栎棘节腹泥蜂就是其中的代表者。它既吃小眼方喙象，也吃象虫。口味广泛的沙地节腹泥蜂能吃的就更多了，任何中等大小的象甲科昆虫几乎都是它的美味。节腹泥蜂爱吃各种类型的吉丁，但冠冕大头泥蜂却只吃最大的隧蜂；大头泥蜂正相反，只吃个头最小的隧蜂。白边飞蝗泥蜂爱吃蝗虫成虫，大唇泥蜂和弑螳螂步甲蜂钟爱螳螂，铁色泥蜂和二齿泥蜂最喜欢的食物则是虻。

沙地砂泥蜂和毛刺砂泥蜂喜欢吃蝶蛾，柔丝砂泥蜂的口味很刁，只吃夜蛾幼虫和尺蠖，每顿要吃三四只才行。褐翅旋管泥蜂对尾蛆蝇和悬垂蝇情有独钟，金口方头泥蜂以各类蚜蝇为主食。流浪旋管泥蜂不追求住所的质量，但十分重视吃，它的储存间里摆满了隐咏象、麻蝇、蚜蝇、黑蜘蛛等各种美食。

昆虫的食性是相对固定的，虽然有些昆虫储存了各种各样的食物，但它们不会轻易改变祖辈留下的饮食习惯。我曾经做过一个实验，将弑螳螂步甲蜂的美食修女螳螂拿走，喂给它们体形相近的蝗虫，但它们碰都没有碰一下蝗虫。我在其他几种昆虫身上也做过类似的实验，效果几乎一样。

我还有一个疑问，昆虫是如何将自己的食物从种类繁多的同类中区分出来的呢？光靠外表显然是远远不够的。泥蜂的蜂巢中就储存着细长的隐喙虻个绒毛团一般的蜂虻，柔丝砂泥蜂的储存间里存放着正常体形的幼虫和尺蠖幼虫，赤角大唇泥蜂和弑螳螂步甲蜂的储存间里摆满了螳螂和锥头螳螂。

是靠颜色吗？也不是。昆虫的储藏室里所储存的食物有时甚至是五颜六色的，但它们还是能轻而易举地找到自己喜爱的食物。

是靠形状吗？听起来也不靠谱。沙地节腹泥蜂猎捕一切体形中等的象甲科昆虫。我在做研究时还发现一个值得注意的现象，在附近小山上那些绿油油的橡树枝头上，节腹泥蜂捕捉到了柔毛短喙象和欧洲栎象。这两种猎物从形状上看毫无任何共同点，别说是专业的生物学家，就连不识字的乡下人或者小孩都能一眼看出它们是两种不同的昆虫。柔毛短喙象颜色灰暗，身体圆乎乎的，还有一张分界明显的粗大嘴巴；而欧洲栎象身体单薄，是红褐色的，喙像鬃毛一般纤细，几乎与身体等长，看起来像个烟斗。

可目光敏锐的节腹泥蜂一眼就看出了它们都是象虫。它们都有着高度集中的神经系统，节腹泥蜂很容易就能用针麻醉它们，然后美美吃掉它们。在找不到这两种猎物的情况下，节腹泥蜂也能轻松地找到别的替代品，尽管它们在外貌、体形和颜色上都各不相同，但都具有一个显著的特点：具有高度集中的神经系统，如根瘤象、尺蠖象、耳象等，都能成为节腹泥

蜂不错的替代美食。那么，昆虫是如何看出隐藏在猎物内部的这些特点的呢？我试着从遗传学、进化论或者其他生物学理论中找寻答案。

我想到一个很简单的事例。捕鸟者捕捉那红喉雀、朱顶雀和燕雀给儿子做美味的烤肉串，想通过不同种类的鸟的味道来让孩子区分不同鸟的种类，成为一个杰出的捕鸟者，那么，节腹泥蜂会不会也是通过这样的方式，严格遵守祖辈留下的饮食习惯，从而成为一名识别象虫的高手呢？

既然想不通这个问题，我决定换一种方式去思考。每种捕食性膜翅目昆虫的猎物范围都是有限的。它们只喜欢自己认定的猎物，除此之外，其他食物对于它们来说是不安全的。我做过实验，用其他食物来代替它们原来的食物，但昆虫在发现自己丢了食物之后，不会立刻就去吃这种新的食物。那些不属于它们接受范围的食物，它们连碰都不会碰一下。那么这种强烈的反感源自何处呢？我们可以通过实验来找到答案。

节腹泥蜂喜欢吃象虫，它们经常出现在象虫聚集的地方，在这里等待机会猎捕食物。

　　我首先想到的解释便是，肉食类昆虫都有自己独特的口味，它只吃一种食物，对其他食物统统保持敬而远之的态度。口味的固定导致母亲必须根据自己的喜好来为孩子准备食物，因此不同种类的幼虫是不可能吃相同食物的。同一种食物，可能是一种幼虫的美味，但对另一种幼虫来说可能就是毒药了。以蝗虫为食的幼虫不会对蝶蛾幼虫感兴趣，而以蝶蛾幼虫为食的幼虫也绝不会对蝗虫感兴趣。昆虫对食物抱着一种固执的态度，对那些自己不喜欢的食物绝不会多瞧一眼，这种态度既令人吃惊，又令人佩服。

　　食物的卫生问题也不容忽视。在蛛蜂看来，蜘蛛是可口的美味，但泥蜂却把蜘蛛看做不干净、不卫生的食物，所以它选择了吃虹；砂泥蜂喜欢吃鲜嫩多针的幼虫，如果将食物换成干蝗虫，我想它们一定不愿多瞧一眼。母亲必须以孩子的口味为标准来准备食物，而不是用自己的口味作为食物的标准。

　　一般来说，素食性幼虫不会轻易改变口味，肉食性的幼虫也会对别的食物具有强烈的排斥感。以大戟类为食的天蛾幼虫即使饿死，也绝不会去吃鲜嫩脆爽的甘蓝叶的；菜青虫对硫含量丰富的十字花科植物不感兴趣，因为它们已经习惯了口味麻辣的甘蓝叶。菜青虫若是不小心吃了大戟类，恐怕会有性命之忧，因此它们对这种食物敬而远之。虽然昆虫的食物并不是绝对一成不变的，但它们确实有自己固定的口味和食物。

　　一次，一场突然来临的春寒冻坏了早早萌芽的桑树叶，这可急坏了当地的蚕农，蚕宝宝眼看就要孵化出来了，没有桑树叶它们吃什么呢。蚕农们知道我常常研究动物的食物，于是前来找我想办法，找一些能代替桑叶的食物，好让蚕宝宝不至于饿肚子。

　　我知道大家都十分着急，于是想尽办法去帮助他们。我照着书上的说明，将于桑叶临近科目的榆树、朴树、荨麻、墙草找来，放到蚕宝宝面前，可出乎我的意料，蚕宝宝碰都不碰一下这些替代食物，最后全都饿死了。

　　残酷的事实让大家不得不对我的学识产生了怀疑。这是我的错吗？我想并不是，这些蚕宝宝实在太过固执，我也拿它们没办法。

　　我又开始了一个新的实验，力求弄明白昆虫食性的问题。我明白实验的难度有多大，因此并不抱太大希望，只是觉得应该坚持做下去。这一次，我选择了泥蜂作为研究对象。我挑选了一些还需要大力补充营养的跗节泥蜂幼虫，尝试用一种特别的食物来喂养它们，看看有什么变化。这些幼虫发育良好，用来做实验再合适不可。

　　这些刚搬过来的小家伙还很娇弱，需要精心照顾。我在一个旧沙丁鱼罐头盒里铺了一层柔软的细沙，用纸板将整个盒子隔成几间小房间，分别将幼虫小心地放了进去。我想通过这次实验，将这些习惯吃蝇虫的食客改变成爱吃蚱蜢的食客。

　　我先是往它们的房间里放了一些去掉头的小树螽，想看看泥蜂对这个从没吃过的东西感不感兴趣。

泥蜂并不挑食，蚱蜢、螳螂、小树螽都可以成为它们的食物，但它们最爱吃的还要属螳螂了。

　　令我意外的是，泥蜂居然一下子就吃光了这些第一次尝试的食物。我清楚地观察到了事情发生的整个过程，虽然期间泥蜂看上去有些不舒服，但这丝毫没有影响它们的胃口。经过几天的实验，泥蜂完全适应了新的食物，一直依靠这种食物维持到发育为成虫为止。

　　后来，我用小螳螂取代了小树蚕，泥蜂依然吃得津津有味，而且看上去好像更喜欢小螳螂一些。我又放了一些尾蛆蝇进去，让它们自己选择，结果它们还是选择了小螳螂。这个出人意料的实验着实让我惊喜，结果让我对昆虫的食性又有了一些新的认识。原来，泥蜂并不是只吃双翅目昆虫的，有时候，它也会选择新的食物换换口味。

　　在我看来，植物是一个大工厂，每种植物都有自己特有的成分，昆虫要根据植物和自己的特性来为自己选择食物，才能更好地生存下去。

　　吃素的虫子是不会轻易改变自己的口味的，它们的消化道已经适应了固定的植物，改变食物可能会让它们难以下咽，甚至中毒身亡。

消化乌头、秋水仙、毒芹和天仙子这类植物对胃有特定的要求，达不到这类要求的昆虫，最好不要吃这些植物。啮虫的幼虫不会被土豆的茄碱所伤，但千万不能吃大戟类食物，否则就可能中毒而死。大戟类植物比较特殊，只有大戟天蛾能够消受它。可见，食素幼虫的食性必须是专一的，因为不同种类的植物具有完全不一样的特性。

下面，我们再来看看肉食性昆虫是如何适应新食的。我选择了一些体质健康的幼虫进行饲养，为它们准备的食物也是新鲜而单一的，没有腐败变质的情况。

能将单个的大猎物逐渐吃完的幼虫，它们的进食方式都是十分特殊的。要是它们不管不顾，只是一味贪吃，很可能食物还没被吃完就腐烂变质了，它们自己也会因吃了腐烂变质的食物中毒，严重的还会死亡。即使幼虫吃得小心翼翼，也难免会咬错地方，最后还是会导致猎物提前死亡。所以说，肉食性昆虫必须具有特殊的本领，能够保证自己绝对不会咬错地方，直到食物被吃完为止，一直保持食物的新鲜，才能顺利活下来。

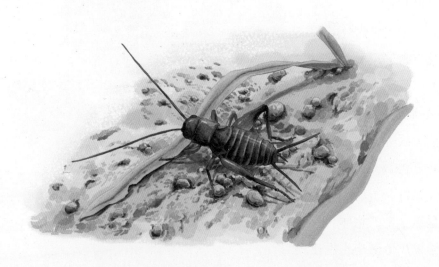

我用一只黑蟋蟀喂食了毛刺砂泥蜂的幼虫，并且获得了成功，看来肉食性昆虫的幼虫并不是只吃一种食物的。

我曾经用金龟子幼虫和被麻醉的距螽喂养土蜂，因为无法保持食物的新鲜，土蜂中毒而死。后来我又用别的昆虫做了许多次实验，结果都失败了。直到有一次，我成功地用一只黑蟋蟀成虫喂食了毛刺砂泥蜂的幼虫。后来，我又用双带土蜂和飞蝗泥蜂做了相同的实验，结果也都成功了。这些幼虫将替代食物吃得津津有味，一点儿也不抗拒。由此，我得出了一个新的结论：由于母亲在喂养幼虫时没有选择口感好的食物替代品，因此一些昆虫幼虫并没有专一的食性。它们并不抗拒丰富多样的美食，这些食物对它们的成长也是有益的，可以为幼虫的成长发育提供更丰富的营养。

吃的理论

随着对昆虫食性越来越深入的研究，我的兴趣越来越浓厚，回过头来看看，才觉得自己曾经用蜘蛛喂养幼虫的行为实在太幼稚了。那纯粹是好奇心在作祟。如果无法获得真正具有推广价值的结论，那我所做的一切就将毫无意义，那我还要做这样的实验干什么呢？从生物学的角度来看，我们在研究昆虫食性时，仍然离不开达尔文进化论对它的影响。

在生物学领域，达尔文的进化论无疑具有巨大的影响力，它是一种具有普遍意义的自然规则。就像我们所熟悉的几何学是从椎体的概念开始的，再逐渐讲到如何切开这个椎体，用代数的方法计算得到椭圆、双曲线、抛物线等概念，以及与这个椎体相关的焦点、切线、正切、法线、共扼轴、渐近线等概念，逐渐打开一个神奇的数学世界。

数学研究讲究的是严谨的推算，要想得到正确的答案，我们就必须保证每一步的演算数据都是正确的。但生物学是不一样的，它的研究对象是活生生的物体，总会受到一些不确定因素的影响，这些影响会对最终的结果产生影响，也让人们对固定的公式和理论产生怀疑。

虽然我信服进化理论，但还是在努力寻找一些它所没有注意到的地方，这并不是我在故意找碴儿，而是一种较真。只要能发现任何一点进化论上的缺陷，我都会将它列出来。

食物多样性更有利于生物在进化中战胜对手，为了种族繁衍，它们不得不选择了杂食。命运会无情地淘汰那些只吃一种食物的生物，这是优胜劣汰的自然法则。想一想，如果燕子只吃蝇虫，万一哪一天蝇虫消失了，燕子是不是也得被活活饿死？蝇虫的生命周期短暂，燕子不可能只以它们为食，为了活下去，燕子不得不选择吃一些别的虫子。云雀虽然是素食动物，但它们也不是只吃一种食物的低等生物，如果它们的胃只能消化一种种子，那它们的下场一定很悲惨。这种种子过季后，云雀就会因为缺乏食物而被活活饿死。

这个道理同样适用于人类。食物的多样性也是人类的一大优势，正是因为如此，人类才能一代代繁衍生息。狗也是杂食性动物，所以它才能与人类一起，繁衍生息这么多年。

对人类来说，发现一种新的食物远比发现一颗新行星更有意义。近在咫尺的美食比远在天边的宇宙更有吸引力，也更实在。发现土豆和发现海王星相比，前者要有意义得多，因为土豆能对人们的生产生活产生巨大的影响。这些道理在动物身上也同样适用。

接下来，我们来说说昆虫。根据进化论理论，各种膜翅目昆虫都是从少数物种进化而来的。这些少数物种是原生体经过无数次交配繁殖，再经历了优胜劣汰的考验后演化而来的，绝对是同类中的佼佼者。

泥蜂的祖先最开始是一种单一的物种，这种物种也是经过不断进化才形成的。经过细致观察，通过它们的颜色、形状，特别是习性来看，这种物体应该是步甲蜂的祖先。可我们不知道泥蜂祖先以什么为食，是多食性的还是单食性的，只能根据已知的情况进行推测。

如果泥蜂的祖先是一种多食性生物，这倒是件好事儿。新生的泥蜂宝宝在吃东西时能有更多选择，挨饿的概率就大大降低了。食物的多样性

泥　蜂

泥蜂口味的多样性使得它们在残酷的自然竞争中获得胜利，一代代生存了下来，而且越来越强大。

也有利于泥蜂家族的繁衍和兴旺，同时也会成为泥蜂祖先的竞争优势，使得它在残酷的竞争中胜出，生存下来。杂食性是生物生存和繁衍的重要能力，一般不挑食、吃得多的生物会更健壮，获得更多的生存机会。杂食性这种重要的竞争能力由物种的祖先通过遗传延续下来，并且一代代增强。为了更适应自然，这种本领不断进化发展，使得生物在漫长的时间里逐渐变为另一种生物。

泥蜂虽然是杂食性动物，但它有自己的偏爱，每种泥蜂都有自己特别喜爱吃的特定食物。有时候，食物的种类很多，可泥蜂只挑自己中意的一种来吃。专吃黄地老虎幼虫的泥蜂不会去吃尺蠖，爱吃距螽的泥蜂也不会想去吃蝗虫，而吃蟑螂的泥蜂是绝不会去吃别的任何食物的。

如今，泥蜂的这种食性是很不理智的，会影响它今后的繁衍兴盛，可惜原始的泥蜂也不可能再活过来，教会它们应该怎么去吃更多种类的食物了。在食物方面，如今的泥蜂所面临的环境没比祖先好多少，环境又一天天严峻起来，一旦遇到突然的变故，它们可能就会被活活饿死。

一只泥蜂正津津有味地吃着猎物蝗虫，这是它喜欢
的食物，它不会轻易改变自己的口味。

　　从这一点上看，泥蜂的选择是多么不明智啊，杂食性对繁衍兴旺泥蜂家族是多么重要啊。食物来源丰富，昆虫就不用担心缺吃的了，这种食物没了，那就换另一种，只要能活下去就行了。整个泥蜂家族的食物来源非常丰富，但其中的某一种泥蜂却坚持只吃一种食物，只专心地猎捕一种食物。从进化论的角度看，泥蜂这种摒弃了更高级的生存技巧、反而退化了的行为，难道不是一种不科学的表现吗？

　　在我看来，食物的选择与进化论之间并没有什么必然的联系。如果生物是因为不知道还有别的食物才只吃一种食物的，那它的先祖也一定是只吃一种食物的。如果它们的祖先能适应多种食物，那么后代人也不会越发展反倒越挑食了。我还专门做了一个这样的实验，最后得出进化论并不适用于昆虫食性的结果。

　　对昆虫食物的研究暴露了我们对生物起源的认识还远远不够。科学理论的成功离不开浩大的声势，只要数量够多，声势够大，就能吸引更多的人相信你，就能将自己的理论推销出去。如果我们执意要追根溯源去追求事情的真相，也许就没那么容易知道事情的真相了。从科学角度来看，

自然界本身就是一个无法解决的疑团，一个又一个有关科学的假设加起来，却未必能得到一个正确的结论，在纠结这个结论的过程中，真相可能早就悄悄溜走了。因此，我们没必要过分固执地去追求一个虚无的真相。

有时候，我们不妨试着去接受一些较为笼统的说法，而不是一味去做数不尽的推测和探究。当然，还有一些人是不愿意接受这些说法的，他们执意要去一探究竟，而且也在探访的过程中发现了一些奇妙无穷或至关重要的东西。

我跟许多研究者一样，都很关心一个问题，那就是巢穴中的食物数量是怎么变化的呢？这是一个很重要的问题，它关系到膜翅目昆虫的"强盗习性"。

每一种生物都保留了祖先遗传下来的饮食习惯，而且不会轻易改变。在长达 25 年的研究生涯中，我翻遍了居所附近的每一寸土地，细细观察过许多生物，发现它们的食物都是长久不变的。当然，随着时间的推移，生物所吃的食物数量是会发生变化的，而且变化巨大，有些生物的食量甚至会成倍、三倍甚至更多倍的增长。对此我颇感困惑，以至于产生了一种否定现有学说的解释。

我所研究的昆虫中，有几种幼虫的食物虽然个头差不多，但数量相差巨大。在黄翅飞蝗泥蜂储存食物的房间里，有时有两三只蟋蟀，有时却有四只；居住在软砂岩矿脉里的大唇泥蜂有时在房间里储存三只螳螂，有时却要储存五只才够。有的沙地节腹泥蜂只要吃八只象虫就饱了，而有的却要吃十二只才够。这样的例子在我研究的昆虫中比比皆是，为了进一步弄清这个问题，我决定再做两个实验，一个以大头泥蜂为对象，一个则以步甲蜂为对象。

大头泥蜂是一种常见的昆虫，我的住处附近就有很多，我很轻松地就找到了它们。每年九月时，勤劳的蜜蜂穿梭在玫瑰色的欧石楠丛中，热情工作着。这也是大头泥蜂捕捉它们的好时机。大头泥蜂在空中飞来飞去，而蜜蜂却在低头忙碌着，丝毫没有发现危险已经悄悄降临。半空中的大头

泥蜂正在认真挑选猎物，一旦选中合适的猎物，它们就会毫不犹豫地快速扑过去，一把抓住蜜蜂，打它们个措手不及。可怜的蜜蜂只能徒劳地挣扎几下，就此沦为了大头泥蜂的猎物。

大头泥蜂捕捉到蜜蜂之后，会马上把它运到自己位于地底的巢穴里去。大头泥蜂的巢穴一般建在光秃秃的陡峭斜坡上，离草地还有一段很远的距离。要找到大头泥蜂的窝并不容易，由于它们习惯群居生活，所以一旦找到一个大头泥蜂的蜂巢，也就能轻松地找到许多大头泥蜂。

大头泥蜂蜂巢的通道很深，就算能找到它们的巢穴，挖掘起来也不是件容易的事儿。我费了很多工夫才挖开了一个大头泥蜂的蜂巢，在里面发现了茧和一些剩余的食物。我轻手轻脚地将它们移到一个纸袋里，动作

一只黄翅飞蝗泥蜂刚刚储存好食物，它飞出洞口，正在封闭巢穴的大门。

十分小心。

在一些幼虫还没有成长起来的茧旁边，猎物蜜蜂的尸体是完整的，但更多情况下，蜜蜂已经被吃掉了。即使这样，要想统计出蜂巢中到底储存了多少食物还是很容易的，被吃掉的蜜蜂的坚硬外壳还留在巢穴中，只要数一数它们的数量，就能统计出食物的数量了。虽然大头泥蜂幼虫胃口很好，能吃掉很多食物，但它们无法消化掉蜜蜂坚硬的翅膀，所以它们是不会吃这些坚硬的器官的。在各种潮湿的天气中，蜜蜂被丢弃的翅膀也不会受到影响，因此老蜂房比新蜂房更有利于做统计。

挖掘蜂巢时也可能遇到各种意外情况，但基本不会影响数量的统计，只要我们记得把需要的东西全都取出来，悉数带回实验室就可以了。我们将装在纸袋中的蜂巢内部物质取出来，放到放大镜下细细观看，然后取出其中的蜜蜂翅膀，仔细地数清楚，就能得到要统计的食物数量了。这个实验考验的是人们的耐心，缺乏耐心的人是无法很好地完成这项工作的。

我挖掘来的这个蜂房中的食物数量如下：整个蜂巢中共有 136 个蜂房，有 1 只蜜蜂的蜂房共有 2 个，有 2 只蜜蜂的蜂房共有 52 个，有 3 只蜜蜂的蜂房共有 36 个，有 4 只蜜蜂的蜂房共有 36 个，有 5 只蜜蜂的蜂房共有 9 个，有 6 只蜜蜂的蜂房只有 1 个。这就是我所统计到的全部蜂房数和食物数量。

昆虫的食量

步甲蜂的食量问题一直困惑着我。要想知道这个问题确实很不容易，因为步甲蜂是个大胃王，总是把所有的食物都吃光，连一点残渣也不留下，就连食物坚硬的角质外壳也被它们吃得干干净净。为了弄清它的食量问题，我只好拿着放大镜去观察卵还没有完全发育的蜂房，尤其是有寄生虫弥寄蝇的蜂房，因为这种寄生虫在进食时，能不破坏食物的身体，将它们的表

*步甲蜂的胃口特别好，它们会把食物全部吃光，就
连坚硬的角质外壳也一点儿不剩。*

皮完整地保存下来。我总共观察了 25 个蜂房，发现其中有 8 个蜂房中各
有 3 个猎物，5 个蜂房中各有 4 个猎物，4 个蜂房中各有 6 个猎物，3 个
蜂房中各有 7 个猎物，2 个蜂房中各有 8 个猎物，1 个蜂房有 9 个猎物，1
个蜂房有 12 个猎物，1 个蜂房有 16 个猎物。这些蜂房中储存的食物大多
是螳螂，以绿色螳螂为主，也有一些是灰色的，甚至还有几只椎头螳螂。
食物身材大小差不多，只有少数长得特别长。

　　我还注意到一个有趣的现象，蜂房中的食物数量和大小似乎成正比。
但这并不是一个普遍规律，有些蜂房中的食物就不具备这个特征。在步甲
蜂眼里，不管这些食物是大是小，都只有一个。

　　另一个问题同样引起了我的注意，这些采蜜型膜翅目昆虫是不是跟
入侵者一样，在进食数量上各有不同？我细细观察了它们的蜂房，清理
出了它们储存的蜜，经过清点后发现，一般情况下，它们会根据蜂房
的不同而储存不同数量的食物。

　　在一个蜂房中，带角壁蜂和三叉壁蜂等壁蜂给自己的孩子储存的是
中间含一点蜜的花粉蜜饼，但在同一组的另一个蜂房中，它们储存的是比

这个蜜饼大三四倍的蜜饼。这个情况在高墙石蜂中也存在。

这种普遍存在的现象引起了我的注意，我一直想弄清楚，它们是根据什么来安排不同量的食物呢？我能想到的首要原因就是性别差异。

雌性和雄性膜翅目昆虫存在很大的差异，它们的身材差异是由食物的数量来决定的。就拿大头泥蜂来说吧，这些吃蜜的小家伙，雄性瘦得只剩一张皮，身体还不到雌蜂的一半大，人们一眼就能看出雌雄间巨大的差异。这些体形相差巨大的异性居然能和谐地在一起谈情说爱，真是令人匪夷所思。

但有一些壁蜂的雌雄两性之间差异并不大，节腹泥蜂、大唇泥蜂、飞蝗泥蜂、石蜂的雌雄蜂看上去就差不多，雄蜂只是略微比雌蜂小一些。当然，一些特殊的蜂类除外。在昆虫的世界中，通常雌蜂是主要劳动力，它要负责挖掘通道，为修建居所做准备，还要负责筑巢，用各种沙石、水，和成泥浆，涂抹房屋，还得承担寻找食物、猎捕食物和储存食物的重任。当一切准备就绪后，它还要产卵，哺育后代，为后代提供一个安全稳定的生活环境……它的每一项工作都是艰难的，辛苦的，是一个伟大母亲的所作所为。要想承担起这些任务，一个强壮的身体是必要的前提，而身材弱小的雄峰显然是干不了的。那么，是不是从幼虫时期开始，雌蜂和雄蜂就

大头泥蜂的雄蜂和雌雄差异巨大，高大的雌蜂身材比雄蜂要大上一倍。

会因为身体的差别而导致存储食物的数量的不一样呢?

经过一番思考,我得出一个肯定的结论:长多大个儿,就得吃多少食物。例如,一只瘦小的雄大头泥蜂,只要吃 2 只蜜蜂就吃饱了,而这些食物对雌蜂是远远不够的,它们得吃比这多两到三倍的食物才能吃饱。这个道理对于步甲蜂同样适合。身材较小的雄步甲蜂吃上 3 只螳螂就饱饱的了,但雌步甲蜂至少得吃 12 只才能填饱肚子。身材丰满的雌壁蜂要比雄壁蜂胃口大两到三倍。这一切都是我从实际观察中总结出的结论。昆虫无法做到做得多而吃得少。

尽管事实已经很清楚,但我还是要看看它与初级逻辑推理的结果是否一致。有时候,即使你用了最严谨的逻辑推理,得出的结果可能也会与事实不一样,甚至相互矛盾。

一段时间以来,我收集了很多有用的研究材料——各种以膜翅目昆虫为食的虫茧,尤其是以蜜蜂为食的大头泥蜂虫茧。这些虫茧的身旁往往都保留着吃剩的食物残渣,如翅膀、前胸、鞘翅等,我们通过统计这些残渣的数量,就能得出虫茧的食物数量。这些残渣就保留在蜂房的隔板处,只要数数它们,就能知道幼虫到底吃了多少东西。我对这些茧一个一个地统计,到最后准确地得出了食物的数量。我还测量了蜂房的体积,从蜂房的容积得出了储存的粮食数量。因为蜂房体积与储存粮食的数量是成正比关系的。蜂房体积大,储存的粮食就多;蜂房体积小,储存的粮食就少。

我已经统计出了蜂房、虫茧和粮食等这些我需要的数据,接下来只需要静静等待虫茧孵化出来,确认它们的性别,就能得到我想知道的实验结果了。令我高兴的是,这个结果与按照逻辑推理得出的结果是一致的。大头泥蜂中,吃 2 只蜜蜂的是雄蜂,拥有更多储存粮食的便是雌蜂。步甲蜂中,吃 2 只或者 3 只螳螂的是雄蜂,拥有比雄蜂多两三倍的食物的便是雌蜂。沙地节腹泥蜂中,吃 4 只或者 5 只橡实象虫的是雄蜂,吃 8 到 10 只橡实象虫的是雌蜂。这些统计数据无不显示着一个结果:住在宽敞蜂房中,拥有更多储存食物的是雌蜂;住在相对狭窄的蜂房中,食物更少一些的是雄蜂。

蜂房的容积跟食物的储存量是成正比关系的，步甲
蜂会根据蜂房的大小来储存适量的食物。

　　这个推论似乎有些奇怪，和我们平常的观点不一样。但这就是事实，人们不得不接受的事实。在未被接受之前，它显得如此荒谬，人们试图用另一种荒谬的观点来摆脱它，走出目前的困境，这种努力促使人们前进，去探究更多未知的疑团。我总在想，卵在孵化之前到底有没有性别？难道是食物的数量决定了虫茧的性别？如果房间大一些，食物数量多一些，那么卵就会发育成雌性，反之，就发育成雄性吗？而母亲在分配食物和房间时，完全是随意的？那么蜂房的大小和食物的多少就决定了虫卵的性别？真的是这样吗？

　　要验证这些荒谬的推测，我们只能反复进行实验，希望通过不断尝试去发现荒谬的结果。我住的地方附近生活着一些壁蜂，我从一根长长的芦苇管中找到了一些三叉壁蜂，它就是我接下来的实验和观察对象。它们用泥土将管道隔了起来，形成了许多层。我沿着竖直方向劈开芦苇管，就能看到里面的情况：蜜饼、粘在蜜饼上的卵以及才出生不久的幼虫。根据蜂房中食物储存量的多少，我分别找到了雄蜂和雌蜂居住的蜂房，芦苇前段居住的是雄蜂，而后端深处居住的是雌蜂，因为雌蜂的储存间里储存着比雄蜂多两三倍的食物。

于是，我拿了一些别的蜂房中的食物放进原本食物较少的蜂房里，使它的食物储存量多出两三倍，而将那些原本食物充足的蜂房中的食物拿出来至少一半。为了能很好地进行对比，我保留了一些蜂房中的食物数量不变，不管它们原本是多是少。

结果让我大失所望，卵并没有因为食物数量的改变而转变性别，那些我专门放进去的食物也没有被吃掉，反倒成了它们结茧的材料。而在我认为减少食物的蜂房中，幼虫的发育情况很糟糕，个头比雄蜂还要小，有些甚至因为缺乏食物被活活饿死了。即使这样，它们的性别也没有发生改变。那些我没有改变过食物数量的蜂房中，卵孵化出来的蜂的性别与平常无异：芦苇管前段的是雄蜂，芦苇管末端的是雌蜂。

我正在用放大镜观察我饲养在玻璃管中的泥蜂。它们与生活在自然环境中的泥蜂并没有什么不同。

泥　蜂

　　通过这个实验，我们知道了卵的性别绝不是由食物的数量来决定的。也许有人会说，怎么能拿人为的改变去和自然状态下的条件相提并论呢？于是，我决定继续做深入实验，看看食物数量和性别到底有没有关系。

　　我同时用砂泥蜂和柔丝砂泥蜂来做实验，它们原本都是吃尺蠖蛾毛虫的，现在我要用蜘蛛来喂养它们。这里我要特意声明，食物的改变对这些泥蜂是没有什么影响的，它们仍然会努力工作。吃饱喝足后，泥蜂就开始织茧了。这些吃蜘蛛长大的泥蜂与吃尺蠖蛾毛虫的泥蜂一样，照常工作、产卵，生活没有丝毫改变。为了更细致地观察它们，我将它们放到放大镜下细细观察，也并没发现什么异样。怎么样？我认为改变它们的食物，并没有影响它们吧？这证明了不管是生活在人为环境下还是自然环境下，它们的生活都是一样的。

　　即使这样，反对者们还是无法信服。他们认为我的实验只是停留在一个初级阶段，如果砂泥蜂的后代一直吃蜘蛛，结果可能就会不一样。他们认为，这种改变是缓慢的，刚开始时难以察觉，只能随着时间的推移逐渐显现出来。这样说来，食物倒成了生命演化进步的首要因素了，因为食物的种类竟然可以改变生物的类型，这种想法比达尔文的进化论还要先进大胆了。

砂泥蜂是吃蜘蛛长大的，一只砂泥蜂正在将比自己大好几倍的蜘蛛往洞穴里拖。

我不认同这种观点，在我看来，人是不可能改变自然选择的结果的，只有寄生虫可以做到这一点。

人们通常对寄生虫抱有固执的偏见，认为它们不思进取，只想依赖别人过日子，霸占他者的劳动成果来满足自己的需要。事实上，很多寄生虫是非常不容易的，为了能生存下来，它们必须付出巨大的代价。束带双齿蜂寄居在石蜂的蜂巢中，吃石蜂储存的食物，有时候，石蜂留下的蜂巢只是一个空壳，里面什么都没有。不知真相的束带双齿蜂如果在这些空壳中产卵，就会导致幼虫孵化出生后没有食物可吃，面临饿死的危险。那些侥幸活下来的幼虫宝宝，也会发育得十分不好，身材矮小，瘦得皮包骨头。这些蜂巢中的雌蜂和雄蜂所面临的命运是一样的，食物的匮乏没有导致它们的性别改变。

寡毛土蜂如果不能吃饱饭，就只能长到正常身体的一半；寄生虫褶翅小蜂如果得不到充足的食物，身体会缩水一半。无论如何，这些虫子的性别没有因为缺乏食物而发生改变。

我还观察和研究了一些变形卵蜂。从三叉壁蜂虫茧中出来的变形卵蜂，因为食物充足，身体发育得很好，长得十分健壮。从雌蜂茧中出来的更是如此。它们也没有因为食物充足而改变性别。

芫菁类昆虫，如西班牙芫菁、蜡角芫菁和斑芫菁等，寄生生活注定它们命运悲惨，身材看上去也都差不多，但这些对性别等特性都没有产生多少影响。

问题已经很清楚了，食物在物种的形状变化过程中产生的影响并不大，也不是决定性的因素。虽然填饱肚子是生存的首要问题，但它不能影响生育，也不能决定动物的性别。

这些寄生昆虫告诉了我们一个道理，食量与性别并没有多大关系，我们也从推翻这一荒谬论断的过程中得出了一个更为确定的结论：昆虫母亲事先就知道宝宝的性别，它会根据性别来为宝宝准备合适的食物数量。在接下来的内容中，我们将会找到更多的证据来说明这个结论。

第十一章
聪明的房屋设计师
——壁蜂

昆虫档案

昆 虫 名：壁蜂

身世背景：属于蜜蜂总科切叶蜂科中的壁蜂属，
分布广泛，法国主要有紫壁蜂、凹
唇壁蜂和角额壁蜂等

生活习性：繁殖和生存能力极强，性格温和，
是苹果、梨、桃、樱桃、杏和李等
蔷薇科果树和猕猴桃等果蔬的优良
传粉昆虫

绝　　技：在树莓上安家，会用绿色植物浆汁
制作隔板

聪明的房屋设计师

家蜂是最早感知春天来临的小昆虫。除了它，另外两种勤劳的壁蜂也在初春时节便开始了工作，尽管这会儿它们才刚刚脱壳而出。

壁蜂天生不会筑巢，只能在别的昆虫的蜂房中产卵。条蜂的旧居是它最理想的产卵场所，若是没有，墙角、树洞甚至蜗牛的空壳也可以。而它唯一需要做的就是在蜂房中隔出几间房来。

带角壁蜂和三叉壁蜂用松软的泥土来制作挡板，它们从各处运回泥浆，调和成泥土晒干，最后制成挡板。泥制的挡板很脆弱，经不起风雨的袭击，因此壁蜂只好将居所选在一个风吹不着、雨淋不着的地方。

春天刚刚来临，不辞辛苦的蜜蜂们就已经集体出发，在早春的天气中开始了辛勤的采蜜工作。

拉特雷依壁蜂和三叉壁蜂则用植物的树叶来制作挡板。它们在条蜂宽敞的蜂房中定居，因为入口宽大，只能用叶子做成的团状物来封住大门。

上面这些壁蜂所使用的材料，基本代表了各种壁蜂制作时使用的两大类惯用材料，即一种是泥浆，一种是植物的叶子。

三叉壁蜂是较为另类的壁蜂，它对居所要求不高，只要足够大、足够结实、足够安静就可以了。青壁蜂常常居住在卵石石蜂的旧巢穴里，它用了一种极其符合力学原理的方式来加固居所，即用高浓度的混凝土做成堵塞大门的塞子，用纯胶合剂来制作蜂房内部的挡板。这是由于石蜂的巢穴没有任何遮拦，很容易被破坏，所以青壁蜂只能竭尽全力将它改善得更加牢固了。

金黄壁蜂用一种难找的干燥胶合剂造窝，它常将窝建在死掉的蜗牛壳内。红褐壁蜂也喜欢在蜗牛壳中造窝。绿壁蜂身材娇小，一个居所中容纳两只还显得十分宽敞。红腹壁蜂则选择将窝建造在扎花蜗牛的壳里。随

一些壁蜂喜欢把家安在枯死的蜗牛壳中，这些内里空洞、外表坚硬的壳很符合它们对房屋的要求。

遇而安的蓝壁蜂没什么要求，只要有个遮风避雨之处就能住下来。我们曾在石蜂的旧居中发现过摩拉维茨壁蜂，但这肯定不是它们唯一的居住场所。三齿壁蜂喜欢亲力亲为，它们打通枯掉的树干，在里面加一些树叶的绿浆，一座房子就算盖好了。

石蜂喜欢在温暖的阳光下劳作，毫无秘密可言，而壁蜂恰恰相反，它来去神秘，总是将自己隐藏起来，轻易不叫人发现。

昆虫对修建住所十分有主见，我想尝试着找到一只膜翅目昆虫，让它按照我的喜好建巢，或者干脆在我的书房住下来，不知道能否成功。

我家附近这样的虫子很多，我选择了三叉壁蜂。为了方便观察，我试图让它在透明的试管中筑巢。虫子们可不傻，在这样通透的管道中筑巢，可太不安全了。于是，我在管道周围铺了一些芦苇，希望能有所遮挡。我想，这种拙劣的方法可能无法瞒过聪明的虫子，没想到最后证明是十分有作用的。

实验证明，壁蜂只要能在周围找到生活的必要设备，就会选择在这里生活下去。

为了收集壁蜂的茧，我整个冬天都在忙碌着，甚至专程跑去了卡班特拉。我曾经在卡班特拉研究过芜菁，挖掘到过巨大的蜂城，因而认识了这里的一种毛脚条蜂，这种蜂巢里的茧很多。多亏了我的好友，也曾是我的学生，他找人给我送了一大箱子的毛脚条蜂和高墙石蜂，让我省了好些精力。这些毛脚条蜂和石蜂给我提供了大量的资料，让我的研究进行得十分顺利。

为了能够让蜂群自如地进出，我把蜂箱和书房的窗户全都打开了，然后在试管中放满了茧，接下来就是等待壁蜂孵化的季节了。

壁蜂在四月下旬的时候脱茧而出，因为书房的窗户是打开的，它们可以自由地进进出出，所以我的书房聚集了大量的蜂群。这样一来，我对它们的观察也就更方便了，我选择了其中的几只做好标记，作为我重点观察的对象。

　　雄蜂是最先出来的，它们在吃饱了之后，就会飞到管子附近，等待雌蜂的出现。它们早已做好了求爱的准备，每当有雌蜂出现的时候，一群雄蜂就会呼啸而至。因为大量的雄蜂堵住了管子的出口，导致雌蜂没有办法出来，只能再次退回去，而雄蜂们依旧执着地守在门口。

　　雌蜂从管子里飞出来那一刻，雄蜂们为了吸引异性关注，各个都使出浑身解数，飞得一个比一个高。最终，还是飞得最高的雄蜂得到了雌蜂的芳心，它们成双成对地飞走了。

　　雌蜂的数量逐渐多了起来，雄蜂们的竞争也没有那么激烈了。很快，我发现它们的蜂巢数量不够了，连忙去各处准备。最后，它们甚至把我抽屉上的锁眼都当成了爱巢。这样的情况我毫无准备，为了能够顺利进行研究，我只能把房间里多余的物品清理掉，给它们腾出来更宽阔的空间。

　　在我为它们清理房间的同时，它们也在清理自己的家，包括蜗牛壳里干枯的遗体、蜂蜜的残汁以及一些残渣碎末儿，统统被它们清理干净了。等一切收拾妥当，它们即将开始储藏食物和产卵。

　　我准备的管子都不是同样的，内径从 6 毫米到 12 毫米不等。有的管子底部合适一些，有的管子底部不合适，我就用塞子塞上。那些合适的管子中，很快就会储藏大量的花粉和蜂蜜，那些被我用塞子塞上的，因为并不是很严密，壁蜂会用砂浆把缝隙补好。接下来，它们建造隔板，分好了房间。以前我始终不明白它们为什么要这样，后来我终于知道，它们分隔房间不仅仅是为了储藏粮食，同时能让粘在肚子上的花粉很容易地脱落。

　　壁蜂从管子底部向上，根据需要测出距离，然后在那里竖起一个与管道的轴垂直的环形软垫。起初，软垫的周围并不是完整的，可是这对壁蜂来说完全不是问题，它会利用新的土层把软垫填高。这时，管子的两边都会形成环形的壁墙，中间就是壁蜂制作蜜饼的场所。当粮食储备得足够充足时，这里就会被壁蜂封闭起来，因为壁蜂要在粮仓里产卵。同时，隔板和小洞也会被壁蜂封闭，这个被封闭的挡板成了下一个蜂房的底部，壁蜂就做着这样重复的工作。管子两端的通道当然会保留下来的只不过这个通道距离中心是比较远的，因为在隔板中心的通道会比在外侧建造的通道更加牢固一些。壁蜂重复着这样的建造工作，直到最终大圆柱里住满了房客为止。

从管子的外面来看，隔音板好像是一堵墙，把里边的空间隔成一个个的房间，用来储备粮食。熟悉这种方法的不仅仅有三叉壁蜂，带角壁蜂和拉特雷依壁蜂也很擅长做这些事情，只不过细致程度有所不同，最细致的是拉特雷依壁蜂，它的隔板是叶片做的，两边留出来两个洞，看起来像是窗帘一般，同时它还会在用作隔板的绿纸板上做月牙形的装饰。至于它是如何做到的，我就不得知晓了。

七月来到了，我们只要把树莓切开，看到的便是三齿壁蜂，它们在非常狭窄的通道里生活，自然不会像拉特雷依壁蜂那般精美、细致。为了方便，它们在狭窄的通道里也没有建造隔墙，只是做了一个绿浆的环形软垫，看起来就像是在收获前为蜜饼准备的空间一般。

难道这就是壁蜂的一种测量方式吗？为了让这点得到验证，我又开始了观察壁蜂生活的工作。

雄蜂是最先从巢穴中飞出来的，它们并没走远，而是待到巢穴的大门口，等待雌蜂的出现。

三齿壁蜂所居住的地方十分狭窄，所以它们不会特意造什么隔墙，只是在
其中竖起一个绿浆做成的环形软垫，好为储存蜜饼做准备。

  壁板的制作过程中，壁蜂会用额触碰一下身前的隔板，并且还要用
肚子的末端轻轻地触动，把正在建造中的软垫完成，隔板的建造工作就是
这样的重复来完成的。接下来，壁蜂又会变身成为泥瓦匠，它用砂浆抹平
所有的空隙。壁蜂在房屋的分配上十分精确，小的房间给雄蜂住，大的房
间留给雌蜂住。可是不能因此就说它有着工程师的头脑，因为在这样的环
境里，必然会显得很凌乱，根本没有办法雕琢基础工程。最后只是形成了
一个雏形，就已经进行储备粮食的工作了。

  但始终有一个谜团等着后人来解开了，那就是为什么壁蜂在修房子
的时候，会有很多触碰的小动作呢？

  虽然看起来很牢固的房屋，但是总会有那么一点点漏洞。在盛夏酷
热时期，有一种变异的卵蜂，它们的身体呈近乎于看不到的线状，会穿过
壁蜂精心建造的大门，直接穿过茧的外壳，进入到幼虫的位置。它就是弥
寄蝇。至于它究竟是如何进来的，我也确实没有亲眼观察到。但是，终究

会在那个时间里，它会出现在壁蜂幼虫的身边，并且数量惊人。它们会用尖尖的嘴，用力地侵蚀着壁蜂的粮食，最后，壁蜂幼虫就被活活饿死了。

壁蜂的粮食通常都是黄粉状的，它们会把花粉做成一个坚硬的红色面团，然后在食物上面产下它的卵。当卵顺利孵化之后，就可以直接吃到食物了。幼虫渐渐长大，就能够吃到距离远一些的粮食。由此可见，壁蜂在这方面考虑得很周到。同样的食物，准备的数量足够多，这让幼虫更加容易分辨和适应食物。壁蜂的卵在食用粮食时，会从中间开始吃，中间部分有柔软的花蜜，外边包裹着稍微硬一些的物质。这样，我们就明白为什么壁蜂要把卵产在食物的中间了。幼虫在壳里出来以后，身体在根部的固定下，逐渐弯成了弓形，上身扑在面团上，然后享用美味。很快，它的身体前2/3部分就出现了黄带，这是因为它的消化器官已经被食物填满。在15天的时间里，它只需要安静地吃饭、睡觉，然后织茧，不会受到任何打扰。如此的幼虫，就算没有遭受弥寄蝇的侵害，也会在以后的日子里，面临卵蜂的吸榨威胁。

为了让后代一出生就吃上可口的食物，壁蜂选择将卵产在食物上面。

 分辨性别

前面我们说到过，昆虫会根据卵的性别来储存适量的食物，下面，我们就要详细说一说这个问题。在阐述这个问题之前，我们首先要弄清楚，如何来进行性别的分类。

要弄清楚卵的年龄，必须要精心选择一些容易判断的昆虫种类，而我选择了自认为最合适的观察对象——三齿壁蜂。它比一般昆虫体形高大，数量也多，更容易观察到。三齿壁蜂住在树干里，它们习惯在树干中挖一条通道，用来储存食物和产卵，卵就产在食物表面。这只卵是三齿壁蜂的第一个宝宝，它出生后，母亲在不远处再用绿叶的浆汁建起一块挡板，建造另一层的卵房，再像前面一样，在里面放置食物和产卵，等待下一个宝宝的诞生。所以，我们据此便可以推断出三齿壁蜂宝宝的年龄了。它就这样一层一层地建下去，直到整个管道的空间被利用完。最后一块绿色挡板建在门口处，紧紧堵住了大门，防止外来者入侵。

我把从树莓里找到的茧取出来，按照它本来的次序放进实验用的玻璃管里（这个玻璃管跟茧原本生活的通道形状相似），并用棉花将茧依次隔开，这样就不会弄乱它的出生次序了。

想要找到一组完整的卵，从最小的幼子到最大的长子，缺一不可，这绝不是一件容易的事。大多数时候，我们都只能找到一部分卵，因为母亲不一定会把所有的卵都放进一段树干中，至于原因为何，我也并不清楚。

我研究树莓里的三齿壁蜂有很多年了，在几年前的冬天，我还特意搜集了4个三齿壁蜂的蜂巢，用来研究昆虫的性别分类。我将它们装进玻璃管里，认真记录下了每一只的性别。尽管我的实验已经尽可能完整，但人们不禁还是会问："你又没有亲眼所见，怎么确定母亲就产完卵了呢？"就拿我手里的这段树莓来说吧，它上面还有一个10厘米左右的空隙呢。

三齿壁蜂住在树干里，食物堆积在管道的深处，卵产在食物的表面，每间屋里只有一个卵，房屋之间用隔板隔开。

为什么母亲没有在这里继续建挡板产卵？我想，答案可能只有一个，那就是壁蜂母亲的身体里已经没有卵了。

有人或许会说，整个产卵过程可能是分几个时期进行的。管道里还留有空间，只能代表一个时段的产卵结束，并不能代表整个产卵全部结束。我并不赞同这种解释，因为壁蜂和其他的膜翅目昆虫一样，卵并不多，不需要分次产卵。况且壁蜂的寿命只有短短一个月左右，除了产卵，它还有许多其他事要完成，根本没时间分期产卵。

通过对搜集来的卵进行细致观察，我发现，卵的性别分配没有任何次序，但大致都有一个共同点：一组完整的卵，通常最先孵化的一个是雌性，最后完成孵化的一个是雄性。

我的家乡还生活着啮屑壁蜂和微型壁蜂等一些其他种类的壁蜂。啮

三齿壁蜂的卵没有按照性别排列的规律，只有一个显著的特点：以雌蜂开头，雄蜂结尾。

屑壁蜂和微型壁蜂都很娇小，啮屑壁蜂是一种常见的壁蜂，而微型壁蜂却很罕见。它们的性别分配比三齿壁蜂要简单得多。通过观察统计，我可以肯定地说，啮屑壁蜂的产卵是分成两组的，第一组产下的全是雌蜂，第二组则全是雄蜂。在壁蜂家族中，较低等级的三齿壁蜂，它的性别分配是毫无次序的，只有一个规律可循，那便是以雌性开始，以雄性结束。但更高级一些的壁蜂是有次序可依的，母亲会优先照顾生命力更强的雌蜂，再去照顾较弱一些的雄蜂。

我只得到过一组微型壁蜂的数据，这一组有 9 只壁蜂，其中 5 只是雌蜂，4 只是雄蜂。除此以外，我还观察了一些狩猎膜翅目昆虫的性别分配方式，以及它们茧的年龄问题。我研究过流浪管旋泥蜂和室短柄泥蜂，前者的幼虫以双翅目昆虫为食，后者的幼虫以蜘蛛为食。

我曾见过流浪管旋泥蜂在树干中挖掘巢穴的情景。它们不太喜欢潮湿的环境，所以挖得并不深，但尤其喜欢居住在内层里。在这里我发现了 2 组管旋泥蜂的卵，无一例外都是先是雌性的，再是雄性的。

我所掌握的数据中，三室短柄泥蜂的要算完整的了，但它们的茧老是会被讨厌的寄生虫长尾姬蜂破坏。从一组没有被破坏的数据中我得出结论：三室短柄泥蜂是一组雌性一组雄蜂间隔地产卵的。

短翅泥蜂以蜘蛛为食，喜欢四处游玩。这个懒惰的家伙总是在别人挖好的通道里住下来，也不好好清扫房间，胡乱砌上几层高低不平的隔板就草草了事。用隔板隔好房间后，它们就开始储存食物了，完事之后又继续寻找新的住所，这使得它们的数据并没什么参考价值。

切叶蜂和黄斑蜂都不会专门建造房屋，它们会利用条蜂的旧房子居住生活。可惜我没有找到过它们的巢穴，得到的为数不多的几个茧也是受到过寄生虫破坏的，因而也得不出什么有意义的结论。

一次偶然的机会，我得到一些南方大芦苇。我把它做成蜂房的样子，果然吸引了一大批壁蜂、黄斑蜂和切叶蜂，它们蜂拥而至，其中最感兴趣的要数壁蜂了。

趁着这个机会，我获得了几组黄斑蜂和切叶蜂的卵，不幸的是，它们还是被寄生虫破坏了，使得我无法再从中获得关于性别分配的规律。

三叉壁蜂、带角壁蜂和拉特雷依壁蜂是我最喜欢的观察对象，它们为我提供了许多有用的数据。这三种壁蜂离我都很近，要么生活在我房子墙角的芦苇段里，要么生活在棚檐石蜂的大巢里。三叉壁蜂干脆就在我的书房里安家了，使得我能很轻松地观察它们。下面，我就来说说自己的观察结果吧。

我收集了15个蜂房，将它们安置在书房里的玻璃管等地方。为了更好地区分它们，我以蜂房为单位，将各个蜂房中的壁蜂涂上了不一样的颜色，以防止它们乱窜到别人家里去。

在一根玻璃管管道中，三齿壁蜂正在依次储存食物，它在较大一些的房间中储存的食物明显要更多一些。

我观察到，同一组中的蜂房大小差别很大。最下面的一间蜂房最大，随着离开口越来越近，蜂房逐渐变小。并且大房间的粮食储存量要更多一些，最小一间房子里甚至只存放着一簇花粉，幼虫真的能靠这点食物活下来吗？

三叉壁蜂们的茧织起来后也有差别，大房间的茧大，小房间的茧小，小一些的茧只有大茧的一半或者三分之一。要想知道壁蜂的性别，就得耐心等到夏天快要结束时了。那时虫子已成蛹态，分辨起来更容易些。那么，我们如何分别壁蜂的性别呢？我们可以根据触角来判断，触角长的是雄蜂，触角短的是雌蜂；也可以根据额前的凸起来判断，额前有晶状凸起是雌蜂，没有的就是雄蜂；再根据茧的大小和食物的多少以及房间的大小，我们就能判断出，下面大房子里住的是雌蜂，上面小房子里住的是雌蜂了。由此，我们可以很清楚地得出结论：三叉壁蜂的产卵前一组是雌蜂，后一组是雄蜂。

像长笛子一般的管道被我放到了院墙的墙角，它吸引了大量的带角壁蜂。我拿来一些芦苇，成功吸引了一大批拉特雷依壁蜂前来筑巢。它们充满活力，热切地工作着，带给我了无数惊喜。最后，我成功地将它们带到了我的书房中，让它们在这里的玻璃管里定居下来。我惊奇地发现，它们在管道内建造隔板的方式跟三叉壁蜂是一样的，当然，它们跟三叉壁蜂的性别分布也是相同的：食物充足的底部大房子里住着雌蜂，食物少的顶部小房子里住着雄蜂。

石蜂母亲在建造房屋时都会挑选一块卵石，单独在上面产卵。为了不让其他人霸占它，母亲时刻盯着石头。它从不浪费材料，也知道抓紧时间，工作效率十分高。在一个新建造的巢穴里，石蜂会产下所有的卵，而在不是自己建造的别的蜂曾住过的旧屋里，它就会有所保留。如果卵石表面很规则，那么石蜂就会朝四面八方扩建蜂房。

冬天来临，蜂儿们都长成了成虫。我搜集了一些石蜂的巢，想看看茧中的虫子是什么样的，以分辨它们的性别。

三齿壁蜂是壁蜂中的一个特例，它的卵毫无规律地混杂在一起，而不是
像其他膜翅目昆虫一样，将雌性卵和雄性卵分开来产。

为了尽可能准确地得出答案，我搜集了许许多多蜂巢，也实地观察
了一些野外的蜂巢，最后得出一个结论：组群规则的蜂巢中，雌蜂房在中
间，雄蜂房在边缘。如果卵石不规则，蜂房就从正中央均匀地分散开来，
依然遵循上面的规律。我还发现，石蜂喜欢更多地在找到的平面石头上筑
巢。总的来说，雌蜂的蜂房要更为安全一些，而雄蜂相对处于周边地带。

这一切都证明了，石蜂的蜂巢中，雌蜂是先出生的，占据着更为安
全和舒适的房间，而雄蜂处于外层，容易受到侵害。

雄蜂不仅蜂房的位置不如雌蜂，蜂房的面积也比雌蜂要小许多。雌
蜂和雄蜂的蜂房面积比大约为4∶3，这跟它们储藏食物的数量比例差不多，
两种蜂的体形差不多也成这样的比例。

因此我推测，三齿壁蜂是一个特例，别的膜翅目昆虫都能将雌雄蜂
分开产卵，而且留给雌蜂的房间和食物都更为充足，但三齿壁蜂只是毫无

雌壁蜂根据产卵时的各种条件，来决定自己所产出的卵是雌性的还是雄性的，它是一位非常负责任的母亲。

次序地将卵产下来。那我们是不是就可以说，这个一般规律就能代表全部事实呢？

冬天的大多数情况下，我发现壁蜂的体形、蜂房大小都差不多，树干的通道粗细一致，就连隔板间的相互距离都相差无几，我们根本没法分辨雌雄。

七月时，人们也无法将雄蜂和雌蜂很好地区分开来，因为这期间所有蜂房中的食物储存量都是一致的。前面我们说到过，七月时，它们已经变成成虫了，而成虫的雌性之间身材差别也不大，无法以此进行区分，况且带角壁蜂和三叉壁蜂的雄蜂反而比雌蜂身体高大一些，而高墙石蜂的雄雌之间又有非常大的差别。

三齿壁蜂会根据卵的性别来为它们分配住所和食物，但其他两种蜂就不一样了，即使卵的性别差异巨大，它们所获得的食物和房间也是一样的。

我对这个有趣的问题又想了许久，觉得有一种可能性比较大——无论是规则性地产卵还是不规则性地产卵，都是自然界中普遍规律中的一种。自然界还有许多有趣的秘密是我不知道的，我希望能通过一个又一个实验，获得更多发现。

生男生女有讲究

到现在为止，我还是没有搞清壁蜂卵的性别是何时确定的。从母亲的角度看，卵的性别是随意的。也许在它进入输卵管时，母亲按照当时的各种条件，最终决定产出的卵是雌的还是雄的。为了弄清这个问题，我决定跟踪壁蜂产卵的全过程。

我在书房里用管子为壁蜂准备了巢，然后在一些幼蜂的胸腔上涂上不同的记号，以便于观察。我每天都在记录本上进行详细记载，尤其关注那些背上涂有颜色的壁蜂。此外，我还在每个蜂箱的箱底放了几小堆草地蜗牛的空壳，一旦一只蜗牛壳被填满，我就写上产卵日期和壁蜂主人所对应的字母记号。

我拿来两种管子做实验，一种是直径均匀的圆柱形管子，一种是由直径不同的两根圆管连接而成的复合管。我发现在直径均匀的管道里，壁蜂产下的卵都是以雌蜂开头，以雄蜂结尾。而在直径有变化的管道中，相对较窄的管道没有蜂居住。雌壁蜂的体形差异也十分大，而我是按照它们的平均体形来安排管道大小的，因此一些身材高大的雌壁蜂就无法住进窄的那部分管道，那么，壁蜂只好放弃这个空间了。但在它较为宽一些的部分，还是遵守着底部宽敞的地方住着雌蜂，前端狭窄处住着雄蜂的规则。

因为实验过程中出现了一些难以控制的情况，因而结果并不十分理想。但令我高兴的是，25只异形管的窄管里都只有雄蜂，数量也不是很多，有的里面只有1只，而有的有5只。以前我观察到的管道里，都是以雄蜂开始，雌蜂结束。

在这些管道里，壁蜂产卵和发育的时间也是不一样的。有些卵甚至还没有产到一半，有些小管里只有开始产出的几只卵。而早熟的壁蜂在四月下旬就开始工作了，它们在窄管里产下雄蜂，看起来是有限的食物限制了卵的性别。

我认为，人为的影响使得壁蜂产卵的顺序被弄反了，并且这种反了的次序贯穿了整个产卵的过程。产卵的顺序本来是要以雌蜂开头，但被干扰后却以雄蜂开头。但只要一到宽管里，产卵的顺序就又恢复正常了。现在的问题是如果是环境造就的这种情况，那么要是窄管足够长，顺序能恢复正常吗？

我觉得不会。因为壁蜂所在乎的并不是管道的窄与宽，而是它的长度。我注意到，在实际操作中，哪怕只带了一点儿蜜过来，壁蜂也会为了得到它而不惜退着身子移动两次。它头朝前顺着进来，但由于管道太窄，使它在退出时无法转身，只好倒退着出去。同时，由于管道太窄，它也不能伸展翅膀，而翅膀在和隔板摩擦时，又对翅膀造成损坏。而且它在带着粮食时，必须是后退着进来，到蜜堆上去刷它肚子上的花粉。这种行走方式，再加上管道狭长，对于壁蜂来说，确实十分困难。所以，壁蜂往往会放弃那些让它感到不方便的、过于狭窄的管道。

那些窄管大部分都没有住满，壁蜂只在里面产下很小数量的雄蜂之后，就离开了。待在前部的管子里会让它们感觉舒服很多，能够自由活动，随心所欲地干好各种各样的工作。在宽管里可以不费力地后退，既能节省力气，还能保护翅膀不受损害。

壁蜂更喜欢宽敞一些的管道，太窄的管道使得退出时无法转身，有时只能痛苦地倒退着走。

　　壁蜂有些偏心，将更受宠的雌蜂安置在宽管道中，而将雄蜂安置在窄管里。这可能还和雄蜂要比雌蜂早离开有关，如果将雄蜂安置在宽阔的底端，晚些离开的雌蜂会堵住它们的通道，使雌蜂困死在这里。因此，壁蜂母亲选择了这种更安全的产卵方式。

　　母亲在这些变异的管道中产卵，要考虑空间问题和将来孩子们的出路问题。窄管的大小肯定是不合适雌蜂居住的，可如果将雄蜂安放在这里，它又可能会被堵死，所以母亲有些犹豫了，最后无奈地选择在一些只适合雄蜂生活的地方产下雌蜂。

　　我脑子里产生了一个有趣的猜想，这个猜想是关于窄管的。不管一根窄管中住的是雄蜂还是雌蜂，只要我们将开口处很好地堵塞住，它就是一根独立的管子。而壁蜂没有我们这样的头脑，无法认清这到底是什么样的管子，不会把深处的窄管当做前部宽管的延伸部分，只会认定这是一根单独的管子。

　　壁蜂为什么会产生这样的误会呢？当壁蜂来到宽管处时，发现自己能够自由活动，好像置身于一个非常大的空间里，于是产生了一种错觉——以为前面的宽管其实是不存在的，只好在后部的窄管里开始工作。所以，我们才能在宽管里发现雌蜂和雄蜂重叠放置的奇特景象，这与普通的情况完全是背道而驰的。

　　壁蜂母亲能识破这个圈套吗？还是只能在现实的压迫下，无奈地选择以雄蜂开始？我想，壁蜂母亲是想尽可能遵循两种壁蜂都可以出来的顺序的，从它不愿意在窄管里产下一连串的雄蜂就能看出来。但有一点是确定的，那就是——壁蜂不喜欢长窄管，不是因为它们窄，而是因为它们太长。

　　如果直径相同，那么壁蜂更偏爱短一些的管子，因为它能克服长管子的不足。当壁蜂选择螺壳居住时，它们能很轻松地做倒退动作。而当它

们选择石蜂的蜂房居住时，就没必要后退了。短管子里堆放的茧不多，也更容易出去。如果壁蜂选择一只狭窄得只够进出又很长的管子产卵的话，会有许多不必要的麻烦，它也没必要这样做。它们更愿意选择那些短一些的管子，就算这些管子也很狭窄，但更容易进出。

为了证实自己的推测，我又做了一个实验：为壁蜂母亲准备了一个并不宽敞的居所，好让它只在里面产下雄蜂的卵，看看会发生什么情况。

我为三叉壁蜂挑选的第一个居所是灌木石蜂的巢。这是一个外部涂着砂浆，充满许多小圆孔的球状巢穴。看得出来，三叉壁蜂非常喜欢它。在蜂巢的深处，壁蜂产下了雌性卵；在蜂房较浅一些的地方，壁蜂产下了雄性卵。我想要改变这种常规的情况，于是用一把锉刀在离洞穴 10 厘米处刮去了巢的外壳。这样，里面的空间就足够一只雄蜂居住了。此为，我还为它保留了两个深度在 15 毫米左右的蜂房。令我吃惊的是，那些深度缩短了的洞里住的全是雄性卵，而那两个原封不动的蜂房中住的则是雌性卵。

后来，我拿了 15 个蜂巢继续这个实验。我把所有的蜂房都削减到了最浅的位置。结果，这些蜂房全都被雄性卵所占据。这个结果证实了我的猜测。

空螺壳开口很大，是三叉壁蜂理想的居所。壁蜂进入螺旋深处，先将雌蜂安置好，再来布置其他的蜂房。如果通道足够宽大，它会用隔板为雄蜂隔出几间房子。一只蜗牛螺壳里一般可以隔出 6 到 8 个房间。最后，它会用一块粗大的土块堵塞螺壳的开口处，紧紧关上大门。

为了方便实验，我为蜂群选择了草地蜗牛。草地蜗牛的螺壳直径较小，只比雄壁蜂的茧大上一点点，雌蜂能居住的可能只有最宽的那一部分。在这样的条件下，房子里只能住得下一组雄蜂。我把收集来的螺壳放在蜂箱下面，没多久，这些客人们就马不停蹄地搬进来，很快将螺壳全都据为己有了。

我根据壁蜂的外貌和工作时间，将这些螺壳一一打上了标签。我发现壁蜂在螺壳里建造了两三个房间后，都将住宅出口用土堵住。这项工作会耗费壁蜂母亲的全部精力。

当蛹成熟后，我开始研究它们的房间。这些蜗牛壳里居住的绝大部

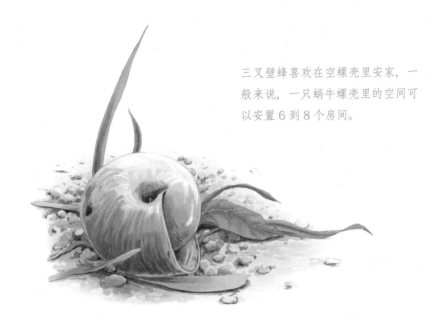

三叉壁蜂喜欢在空螺壳里安家，一般来说，一只蜗牛螺壳里的空间可以安置6到8个房间。

分茧是雄蜂的，只有最大的几只蜗牛螺壳里居住着很少的几只雌蜂茧。狭小的空间使性别的差异消失了。

做完这个实验，我已经基本得出了结论，没必要再反复做其他实验。通过这些数据，我们可以看出两点：一是壁蜂能够颠倒产卵的次序，它们既能先产下雄蜂，再产下雌蜂，还能将产下的雌蜂巧妙调换成雄蜂，甚至让雌性全部消失。我曾见过，在一个拥有26只蜂卵的庞大家庭里，雌蜂只有1只，这唯一的1只雌蜂被安置在离开口很近的地方，夹在两只茧之间，我想这或许是壁蜂母亲不小心造成的结果。二是卵待在母亲卵巢中时性别是不确定的，母亲会在产卵的时候，根据当时的环境和条件来决定产出哪种性别的卵，这也就是为什么产卵顺序可以颠倒，甚至出现只有一种性别的情况了。

捕猎性膜翅目昆虫的母亲都深知，不同性别的卵需要不同量的食物，所以它们会根据食物的数量来决定卵的性别。

那么，这种随意支配性别的能力是如何形成的呢？我无从知晓。我曾看过一个德国科学家有关这方面知识的理论，我是这样理解这一理论的：

雌蜂产下的两种卵中，一种没有受精，一种已经受精，没有受精的卵成为雄蜂，受精的卵成为雌蜂，在卵通过输卵管的时刻，母亲通过控制是否受精来决定卵的性别。

我虽然不能从理论上驳斥这一理论，但可以通过一个实验来证明它的不正确。如果性别是通过受精来决定的话，那母亲的身体中必须要有能储存精液的器官，除了蜜蜂这个例外。可蜜蜂与其他膜翅目昆虫有着本质的不同，两者不能混为一谈。

我解剖过飞蝗泥蜂等几种昆虫，在它们体内并没有发现储存精液的器官，也没有在壁蜂、石蜂和条蜂体内发现它们。或许它们体内存在这种器官，可能因为太小而被我忽略了。按道理来说，所有膜翅目昆虫，无论是狩猎型还是采蜜型，都应该有一个储存精液的场所。前面我已经承认了，所有的昆虫都具有这种器官，因此没有理由独独怀疑采蜜或者猎捕类的膜翅目昆虫没有它。但对复杂而庞大的动物世界来说，这个理论就未必站得住脚了。自然界中的某些物种，无论是雄性还是雌性，都是需要通过受精这一过程的，这是自然规律所引导的，不可违背。

我观察了壁蜂的整个产卵与孵化过程，发现一些卵虽然死了，但看上去跟活卵没什么两样，显然它们并不是因为缺乏食物而死亡的。那它们是因为什么死去的呢？那就是受精！任何没有受精的卵最终都会死去，这是一个简单的自然道理，没必要多说。

这些实验和简单的道理有力地驳斥了德国科学家的理论，而我的解释是以实验为基础，经得起检验的。以后，我的研究还会继续下去。我热爱昆虫，我希望在有限的生命里能继续研究这些可爱的小精灵。